"十一五"国家重点图书出版规划项目

应用生物技术大系

生物工程下游技术实验手册

柯德森　主编

科学出版社

北　京

内 容 简 介

本书较系统地介绍了生物工程下游技术领域所涉及的主要技术手段的原理、操作方法和操作规范。主要包括细胞破碎与固液分离技术、膜分离技术、层析技术和电泳技术以及相关领域常见的仪器设备及其操作方法。在此基础上介绍了 22 项生物工程下游常规实验和 4 项综合性实验。

本书实验项目主要为适应高等院校生物工程、生物技术及食品卫生专业本科实践教学的需要而选择和设计，同时也适用于相关学科的职业技术教育。本书还可供相关专业的研究生及科研人员查阅参考。

图书在版编目(CIP)数据

生物工程下游技术实验手册/柯德森主编. —北京：科学出版社，2010
（应用生物技术大系）
ISBN 978-7-03-029425-8

Ⅰ.①生…　Ⅱ.①柯…　Ⅲ.①生物工程-实验-手册　Ⅳ.①Q81-33

中国版本图书馆 CIP 数据核字（2010）第 215305 号

责任编辑：夏　梁　孙　青/责任校对：郑金红
责任印制：赵　博/封面设计：耕者设计工作室

科 学 出 版 社 出版
北京东黄城根北街 16 号
邮政编码：100717
http://www.sciencep.com
北京厚诚则铭印刷科技有限公司印刷
科学出版社发行　各地新华书店经销

*

2010 年 11 月第 一 版　开本：720×1000 1/16
2024 年 7 月第五次印刷　印张：11 1/4
字数：224 000

定价：**48.00 元**
（如有印装质量问题，我社负责调换）

《生物工程下游技术实验手册》
编委会

主　编　柯德森

副主编　江学斌　巫锦雄

参　编　田长恩　雷德柱　胡位荣

前　　言

　　生物工程下游技术广泛地是指从工程菌或工程细胞的大规模培养到产品分离纯化、质量监测过程所涉及的所有操作单元和操作技术，其中最重要的环节就是生物物质的分离纯化技术。生物工程下游技术实验体系包括：生物反应器及大规模细胞培养技术、材料及细胞（包括菌体）的基本及高效破碎技术、固液分离技术、目标产品的精制纯化技术、目标产品的质量衡量及测定技术等。生物反应器及大规模细胞培养技术的关键包括了发酵罐的操作、动物细胞培养专用生物反应器的操作及控制、微载体培养及微囊化培养等相关内容。细胞（菌体）破碎技术包括利用机械剪切力破碎细胞的机械法细胞破碎技术，以及不需要机械剪切力的非机械法细胞破碎技术。前者包括了利用固体剪切力或液体剪切力两类破碎细胞方式，后者主要通过一些物理的、化学的或生物的方式改变细胞（菌体）膜的通透性，使内容物释放出来的技术。各种细胞破碎技术的原理不同，适用的对象及操作环境不同，使用的效果也不同，所以针对不同的材料以及破碎的目标物质的性质及含量的不同，选择不同的破碎方法是细胞破碎法成功的关键，同时成本的考虑也是细胞破碎法选择的重要依据。固液分离技术的主要手段有离心沉降法固液分离、膜过滤固液分离、双水相萃取固液分离等。目前，生物工程产品主要是具有一定活性功能的生物物质，其中蛋白质类的产品是最重要的，因此目标产品的分离纯化技术一般是指利用特定的高效手段，尽可能去除目标产品之外的所有其他杂质成分，最大限度地提高目标产品的纯度的技术。目前对蛋白质类物质的纯化而言，层析手段是最为有效的核心手段，掌握层析操作技术是对生物工程专业学生的基本要求，也是生物工程下游技术实验教学最重要的内容。一般对产品进行精制纯化过程之前都必须进行初步纯化，初步纯化技术涉及的手段包括利用有机溶剂及无机盐的分步沉淀法、等电点沉淀法、利用不同截留分子质量的超滤膜过滤法等，其目的都是尽可能地去除大量杂质、减少层析的工作量、增加层析的效率，同时由于层析法是生物物质分离过程中成本产生的主要步骤，初步纯化工作的好坏可直接影响层析的效果，并大大减少层析步骤的工作量，从而有效地降低生物分离过程的成本。

　　生物工程是利用基因工程、细胞工程、微生物工程、蛋白质及酶工程等技术手段发现、筛选、改良、优化，并大规模生产有益于生命健康、环境保护、食品和饲料生产等领域的生物活性物质，其根本目标就是生产有经济和社会价值的生物产品，生物工程下游技术就是实现此目标的直接环节。从生物活性物质的生产过程看，一般涉及从基因水平上的筛选、克隆和改良，从细胞水平上的大规模培养以扩大目标产物，以及将目标产物从细胞及其他物质中分离纯化出来的过程。生物物质的分离纯化过程是产品直接生产出来的过程，它不仅决定了生物产品的产量和质量，而且也是生物物质产品生产过程中成本构成的主要环节，因此，生物工程下游技术实验应该重点强调层析过程的基本理论与基本操作技能，力求让学生掌握各种层析技术的基本原理和操作要领，使他们不仅能够胜任生产过程的实际操作，而且初步具备进行研发工作的基本素质。

国务院于近期正式颁发了《促进生物产业加快发展的若干政策》，核心内容为要求引导技术、人才、资金等资源向生物产业集聚，促进生物产业的发展。这无疑表明继十大振兴产业之后，生物产业成为又一个得到国家政策重点支持的领域，迎来了它的战略机遇。按照中国生物产业发展规划三个阶段的目标：2010年前将完成第一阶段的技术积累，要求使生物技术研究开发的整体水平达到一个新的层次，论文数量达到世界前 6 位，专利数量进入世界前 6 位，生物产业总产值达到 8000 亿元，其中现代生物产业产值达到 2000 亿元以上；2015 年左右完成产业崛起，生物技术研究发展整体水平跻身世界先进行列，论文和专利总数达到世界前 3 位或前 4 位，生物产业总产值达到 15 000 亿元，其中现代生物产业产值达到 8000 亿元；到 2020 年预计达到持续发展阶段，即我国的生物技术研发水平达到先进国家水平，生物产业总产值达到 3 万亿元，成为国民经济的支柱产业之一。由此可见，在未来 20 年内，对生物工程人才的数量和质量的需求将呈现迅速增长的趋势。为了适应我国生物技术发展规划对人才质量的要求，生物工程专业本科生应该具备更加系统的实验知识。

编　者

2010 年 9 月 10 日

目　　录

前言

第一部分　生物工程下游技术实验基础理论

1 生物工程下游技术概述 …………………………………………… 3
  1.1 生物工程下游技术操作的对象 …………………………… 3
  1.2 物质分离纯化的基本策略 ………………………………… 4
  1.3 生物工程下游分离基本过程 ……………………………… 6
2 细胞破碎与固液分离技术 ………………………………………… 12
  2.1 细胞破碎技术 ……………………………………………… 12
  2.2 固液分离技术 ……………………………………………… 15
  2.3 离心分离技术 ……………………………………………… 16
3 膜分离技术 ………………………………………………………… 23
  3.1 透析 ………………………………………………………… 23
  3.2 超滤技术 …………………………………………………… 25
  3.3 微孔膜过滤技术 …………………………………………… 26
4 层析技术 …………………………………………………………… 28
  4.1 层析的基本概念 …………………………………………… 28
  4.2 层析法的分类 ……………………………………………… 31
  4.3 柱层析的基本操作 ………………………………………… 32
  4.4 凝胶层析 …………………………………………………… 34
  4.5 离子交换层析 ……………………………………………… 42
  4.6 亲和层析 …………………………………………………… 48
5 电泳分离技术 ……………………………………………………… 55
  5.1 电泳基本原理 ……………………………………………… 55
  5.2 电泳的分类 ………………………………………………… 58

第二部分　生物工程下游技术学生实验

第一章　生物工程下游技术常见仪器设备的使用 ………………… 63
  实验一　管式离心机在发酵菌液分离中的应用 ………………… 63
  实验二　连续流超高压冷冻细胞破碎机在生物工程中的应用 ………… 64

　　实验三　板框压滤机在发酵菌液分离中的应用 ……………………………… 67
　　实验四　陶瓷微滤膜在发酵菌液浓缩中的应用 ………………………………… 69
　　实验五　超滤膜在蛋白质浓缩中的应用 ………………………………………… 71
　　实验六　蛋白质的真空浓缩 ……………………………………………………… 72
　　实验七　真空冷冻干燥机在生物制品生产中的应用 ………………………… 74
　　实验八　蛋白质的冷冻干燥 ……………………………………………………… 76
　　实验九　喷雾干燥机在生物制品中的应用 ……………………………………… 78
第二章　细胞破碎与粗分离实验 ……………………………………………………… 81
　　实验一　酵母细胞的破碎及破碎率的测定 ……………………………………… 81
　　实验二　机械剪切法细胞破碎实验 ……………………………………………… 82
　　实验三　硫酸铵分级盐析分离血清中的主要蛋白质 …………………………… 84
　　实验四　蔗糖密度梯度离心分离实验 …………………………………………… 87
　　实验五　青霉素的萃取与萃取率的计算 ………………………………………… 88
　　实验六　蛋白质的透析 …………………………………………………………… 90
　　实验七　胰凝乳蛋白酶的制备 …………………………………………………… 91
　　实验八　牛奶中酪蛋白和乳蛋白素粗品的制备 ………………………………… 93
第三章　层析和电泳分离分析技术实验 …………………………………………… 95
　　实验一　凝胶层析法测定蛋白质分子质量 ……………………………………… 95
　　实验二　亲和层析纯化胰蛋白酶 ………………………………………………… 98
　　实验三　离子交换色谱分离氨基酸 ……………………………………………… 106
　　实验四　SDS-PAGE 测定蛋白质分子质量 …………………………………… 108
　　实验五　血清脂蛋白琼脂糖凝胶电泳 …………………………………………… 111
第四章　综合性设计性实验 …………………………………………………………… 114
　　实验一　血清 γ-球蛋白的分离纯化与鉴定 …………………………………… 114
　　实验二　溶菌酶的制备及其性质 ………………………………………………… 118
　　实验三　超氧化物歧化酶 SOD 的分离纯化技术 ……………………………… 122
　　实验四　糖化酶的固定化及其在葡萄糖生产中的应用工艺 …………………… 129

第三部分　附　　录

附录一　生物工程下游技术实验室的安全及环保知识 ……………………………… 137
附录二　常用消毒剂使用方法 ………………………………………………………… 146
附录三　常见的消毒剂配制表 ………………………………………………………… 148
附录四　常用 pH 缓冲溶液 …………………………………………………………… 149
附录五　一些常用酸碱指示剂 ………………………………………………………… 158
附录六　常用固态化合物当量浓度配制参考表 …………………………………… 159

附录七　化学试剂纯度分级表 ……………………………………………… 160

附录八　调整硫酸铵溶液饱和度计算表（0℃） ………………………… 161

附录九　调整硫酸铵溶液饱和度计算表（25℃） ………………………… 162

附录十　不同温度下饱和硫酸铵溶液的数据 ……………………………… 163

附录十一　常见蛋白质分子质量参考表 …………………………………… 164

第一部分　生物工程下游技术实验基础理论

1 生物工程下游技术概述

1.1 生物工程下游技术操作的对象

生物工程下游的实验对象一般是指包含目标物质的人工培养的动植物细胞或菌体，也包括天然的动植物及微生物材料。目标物质既可以是氨基酸、多肽、蛋白质、糖类及其衍生物、脂类及其衍生物等，也可以是动植物细胞或微生物细胞本身的活体制剂。但一般情况下生物工程下游技术的分离对象多数是指具有一定功能的生物分子，主要是指蛋白质类物质。目标产物的存在形式可为菌体、胞内产物和胞外产物三类物质。常见的有如下一些物质。

（1）氨基酸及其衍生物，主要包括天然氨基酸及其衍生物。这是一类结构简单、分子质量小、易于制备的物质，包含 60 多种。目前主要生产的品种有谷氨酸、赖氨酸、天冬氨酸、精氨酸、半胱氨酸、苯丙氨酸、苏氨酸和色氨酸等，其中谷氨酸的产量最大。

（2）活性多肽类。多肽在生物体内浓度很低，但活性很强，对机体生理功能具有重要的调节作用，目前应用于临床的多肽药物已达 20 种以上。谷胱甘肽、催产素和加压素、促肾上腺皮质激素、脑肽等都是具有应用前景的生物活性多肽，来自昆虫类的抗菌多肽具有广谱的抗菌能力，同时不会引起细菌的耐药性，是未来抗生素的主要来源。

（3）蛋白质类。是最重要的生物工程产品，也是下游技术最主要的分离对象。各种天然或重组激素，包括生长素、胰岛素、促甲状腺素、绒膜激素、垂体激素等，干扰素、补体及各种特异性免疫球蛋白制剂等均是下游技术的重要分离对象。针对不同的蛋白质目前开发出了各种行之有效的分离纯化手段。

（4）酶类。酶是具有催化功能的蛋白质或核酸类生物，在医疗卫生、环境保护、能源、食品和饲料生产及添加剂领域具有重要的作用，是生物工程的主要研究对象和主要应用产品。目前通过基因重组工程生产的酶已逐渐取代通过天然材料提取的酶制剂。由于酶是一类具有生物学活性的大分子物质，容易在提取和应用过程中失活，因此针对酶的分离纯化工艺的研究是下游技术的重要领域。

（5）核酸及其降解物质，主要包括核酸碱基及其衍生物、腺苷及其衍生物、核苷酸及其衍生物和多核苷酸等，有 60 多种。

（6）糖类。主要包括常规的单糖、寡糖、多糖及其衍生物，近年来，功能性低聚糖及功能性多糖在医疗卫生领域的应用日益广泛。

（7）脂质类。脂类化学结构差异很大，生理功能广泛，主要包括磷脂类、多价不饱和脂肪酸、固醇、卟啉以及胆酸类等。

（8）小动物制剂，包括蜂王浆、蜂胶、水蛭素等。

（9）微生物制剂，包括活菌体、灭活菌体及其提取物制成的药物，如微生物肥料制剂、畜牧业饲料用微生物制剂、污水处理用微生物制剂等。

1.2　物质分离纯化的基本策略

生物工程下游技术的实验材料复杂，分离对象多样，因此所采用的手段也就非常繁多、繁杂，但取得好的纯化结果所可以采取的策略却是共通的。

（1）材料的选择应该遵循容易取得、成本低廉、目标物质含量丰富、细胞容易破碎、有利于采取最简单的工艺过程的基本原则。材料最好是自然界中广泛存在的、容易养殖或种植的动植物，所需要分离的目标产品在材料中应该含量丰富。这可以通过选择不同的生物品种，选择合适的提取组织，选择适当的生长发育时期及适当的生理状态来实现。如果自然界中不存在具有上述条件的材料，还可以通过基因工程的方法改良物种，使其具有高效表达目标产物的能力，现代生物工程的主要任务就是通过基因工程的方法实现有应用价值的生物物质在物种中的高效表达。另外，所选择的材料最好成分相对简单，应尽量减少不容易被去除或容易影响目标产品的分离纯化及产品活性保持的某些杂质。

（2）提取工艺的选择策略。根据纯化对象的特点及采用材料的性质选择提取和纯化的工艺流程，工艺选择的原则是针对性强、成本低，因此必须尽可能选择简单的提取工艺。首先，根据分离纯化的物质的类型选择相应的提取工艺，如蛋白质和多糖类物质都分别有各自的比较合适的提取工艺可以选择，不能套用。其次，具体纯化对象的性质不同也决定了工艺类型及工艺条件的不同，如蛋白质的分子质量、带电性质、对温度的敏感性、抗原性及其稳定性的不同，决定了选择破碎方法和破碎条件、层析方式、电泳方式的不同，也决定了纯化过程的温度的控制要求。在能够满足提取目标的前提下，尽可能地使用简单而且成本低的工艺过程是非常重要的，因为下游技术的目标就是生产能够被广泛应用的产品，成本的控制始终是个关键环节。

（3）下游分离纯化工作前的准备策略。首先，必须有细致而全面的调查分析，主要是文献的查阅，工艺的选择及设计，并且必须通过充分地论证。工艺的选择和确定必须是在充分分析讨论的基础上才能实现。开始比较大规模的生产前还必须经过小规模实验，从小规模实验中验证工艺的可行性，并从高效性和成本控制方面对工艺过程进行科学的评估和改良。在此基础上应该形成正式的操作文件，包括操作指令、操作标准、试剂配方、生产记录规范等都应该准确齐全。其次，进行正式的分离纯化前还应该准备充足的实验和生产设备。要具备生产场所及其配套设施，包括生产用水、蒸汽、压缩空气及其输送管线、空气净化设施、层流罩和超净台等；设备与器具也必须准备齐全，包括各种生物反应器（发酵罐等）、离心机、过滤器、色谱系统、各类容器、检测仪器及相关试剂等；另外，厂房和公共设施设备在生产开始前均须经过安装调试，证明其性能良好。

（4）分离纯化过程的基本步骤及其次序。一般的生物物质分离纯化过程大致包括以下步骤：①原材料的预处理，处理的目的是将目标产物从原材料中有选择性地释放出来，同时必须确保目标产物的生物性质没有明显的变化，或虽然发生变化但在其后的步骤中可以恢复；②颗粒性杂质的去除，这就是所谓的固液分离过程，最常用的固液分离方式是离心法、过滤法，近年来，在蛋白质的分离领域采用双水相萃取法也是一种很好的选择，可以有效地降低成本，而且可以使一些无法通过离心或过滤方式达到固液分离的材料得到有效的分离；③可溶性杂质的去除和目标产物的初步纯化，通过选择性沉淀、膜过滤、选择性吸附以及萃取等技术，使与目标产物混溶的可溶性杂质大部分去除；④目标产物的精制，层析法和电泳法是精制分离阶段的最常用手段，电泳法分离精度高，特别适合较高纯度物质的制备，但电泳法容易发热造成分离对象的失活，而且上样量一般都比较小，所以不适合作为蛋白质，特别是活性蛋白质的大规模分离纯化手段。层析法是目前最常用也是最有效的生物工程下游精制纯化手段，理论上可以分离纯化绝大多数的生物物质，而且其操作条件温和，特别适合蛋白质的精制纯化过程。

（5）生物工程下游技术的工艺放大策略及原则。生物工程下游技术工艺放大应遵循从实验到小试生产，再从小试到中试，最后达到大规模生产的次序。不应该在小规模生产尚未完备的情况下就急于大规模放大生产，由于设计缺陷这导致生产效率低下甚至失败的后果。在此过程中，中试是一个关键的阶段。进入中试放大前一般应具备以下条件：①确定并系统鉴定生物材料资源（菌种、细胞株等）的可靠性；②目标产物的收率稳定，即重复性好，质量可靠；③工艺路线和操作条件已经确定，并且已经建立了原料、制品、产品的分析检测方法；④已经进行了物料平衡预算，并且建立了"三废"的处理和监测方法；⑤确定了中试规模及所需要原材料的规格和数量；⑥建立了较完善的安全生产预警措施和方法。

1.3　生物工程下游分离基本过程

1.3.1　实验材料的预处理

为了达到理想的纯化效果，降低生产成本，材料的预处理显得格外重要。预处理方式选择正确，可使整个下游分离过程更加顺利进行，而预处理的失当可导致分离纯化的效果低下甚至失败。针对不同的材料及不同的纯化目标，采取的材料预处理方式就有所不同。

生物材料的预处理过程一般有以下几个步骤。①动物组织和器官要先除去结缔组织、脂肪等非活性部分，然后采取适当的措施破碎组织细胞，选择适当的溶剂形成细胞悬液。②植物组织和器官要先去壳、除脂、再粉碎，选择适当的溶剂形成细胞悬液。③发酵液、细胞培养液、组织分泌液以及制成的细胞悬液等根据目标产物所处的位置不同进行相应的处理。对于微生物，应注意它的生长期，在微生物的对数生长期，酶和核酸的含量较高，可以获得高产量。

动物细胞培养的产物大多分泌在细胞的外培养液中。微生物代谢产物大多也分泌到细胞外，如大多数小分子代谢产物、细菌产生的碱性蛋白酶、霉菌产生的糖化酶等，分泌在细胞外的产物称为胞外产物。但有些目标产物存在于细胞内部，如大多数酶蛋白、类脂和部分抗生素等，称为胞内产物。随着基因工程技术的进展，许多具有重大价值的生物产品被大规模地通过重组细胞产生，如胰岛素、干扰素、白细胞介素-2等，它们的基因分别在宿主细胞（大肠杆菌或酵母细胞等）内克隆表达成为基因工程产品，其中许多基因工程产品都是胞内产物，植物细胞产物也多为胞内物质。对于胞外产物应采取措施将部分黏附在材料表面的目标产物转移到液相，然后固液分离除去悬浮颗粒（如培养基残渣、菌体、细胞或絮凝剂等），同时还应尽可能改善滤液的性状，以利于后继各步操作。对于胞内产物首先应离心收集细胞，进行细胞破碎，使目标产物溶出到液相中，再通过离心过滤，将目标产物与细胞碎片分离。预处理主要包括除去固体悬浮颗粒、杂质蛋白质、重金属离子、色素、热源和毒素等，主要的方法有凝聚和絮凝，加沉淀剂和调节pH等。

生物材料是很复杂的混合物，常常具有比较大的黏度，不同颗粒的沉降系数有时比较接近，这种情况下颗粒的直径太小，经常使后续的离心或过滤过程非常困难，通过凝聚法或絮凝法，可以很好地改善颗粒的结构，使沉淀和过滤过程能顺利地进行。

凝聚作用是在料液中加入某些电解质，特别是高价位无机离子，促使蛋白质等胶体粒子的扩散双电层结构发生变化，使其排斥电位降低，并使其水化膜被破坏而聚集成大颗粒。常用的凝聚剂主要有铝盐、铁盐、镁盐和锌盐等高价金属盐。

絮凝作用是加入某些高分子絮凝剂，由于高分子絮凝剂长链的吸附架桥作用，使其聚集成粗大的絮凝团。絮凝剂是一种长链、线状、水溶性的高分子聚合物。如果链上带多价电荷则称为离子型絮凝剂，不带电荷为非离子型絮凝剂。它们依靠静电、氢键、范德华力等的作用，吸附到胶粒表面，由于是长链线状物，一根链可以分别吸附到不同的胶粒表面，产生架桥联结，形成粗大的絮团。絮凝剂可分为三类：第一类为人工合成的高分子聚合物，如聚丙烯酰胺类、聚丙烯酸类、聚乙烯亚胺和聚苯乙烯类衍生物等；第二类是天然高分子聚合物，如壳聚糖和葡聚糖、海藻酸钠、明胶和骨胶等；第三类是无机高分子聚合物，如聚合铝盐、聚合铁等。絮凝过程中絮凝剂的相对分子质量、盐的加量、溶液 pH、搅拌速度和时间等因素都会影响絮凝效果。实际使用过程中常将凝聚和絮凝结合起来，可大大提高效果。

加入沉淀剂，使形成复合物沉淀是一种增加过滤离心效果的重要手段，可去除蛋白质杂质及细胞碎片。在酸性溶液中，蛋白质能与一些阴离子，如三氯乙酸盐、水杨酸盐、钨酸盐、苦味酸盐、过氯酸盐等形成沉淀；在碱性溶液中，蛋白质能与一些阳离子，如 Ag^+、Cu^{2+}、Zn^{2+}、Fe^{3+} 等形成沉淀。发酵液或培养液中的钙、镁、铁等金属离子对后继离子交换过程有干扰，应在预处理时去除。除去钙可采用加入草酸的方法，或加入溶解度更大的草酸钠，反应生成的草酸钙沉淀还能促使蛋白质凝固，提高滤液质量。除去镁离子也可加入草酸，但由于草酸镁溶解度较大，故不能完全去除镁离子。可以加入三聚磷酸钠，使它与镁离子形成可溶性络合物而除去。用磷酸盐处理，也能大大降低钙离子和镁离子的浓度，要除去铁离子，可加入黄血盐，使其形成普鲁士蓝沉淀。

另外，适当调整 pH 可改善物料的状态，如将 pH 调整到蛋白质的等电点，有利于物料的凝聚。有些情况下可利用吸附剂来改善物料的过滤特性，如黄血盐和硫酸锌作用，生成亚铁氰化钾胶状沉淀，可吸附杂质蛋白质，生成粗大的沉淀而比较容易去除。

1.3.2 蛋白质的提取

大部分蛋白质都可溶于水、稀盐、稀酸或碱溶液，少数与脂类结合的蛋白质则溶于乙醇、丙酮、丁醇等有机溶剂中，因此，可采用不同溶剂及不同方法将材料中的目标物提取出来。稀盐和缓冲系统的水溶液对蛋白质稳定性好、溶解度大，是提取蛋白质最常用的溶剂，通常用量是原材料体积的 1～5 倍，提取时需要均匀地搅拌，以利于蛋白质的溶解。提取的温度要视有效成分性质而定。一方面，多数蛋白质的溶解度随着温度的升高而增大，因此，温度高利于溶解，缩短提取时间。但另一方面，温度升高会使蛋白质变性失活，因此，基于这一点考虑，提取蛋白质和酶时一般采用低温（5℃以下）操作。为了避免蛋白质在提取过程中的降解，可加入蛋白水解酶抑制剂（如二异丙基氟磷酸、碘乙酸等）。一些和脂质结合比较牢固或分子中非极性侧链较多的蛋白质和酶，不溶于水、稀盐溶液、稀酸或稀碱中，可溶于乙醇、丙酮和丁醇等有机溶剂，它们具有一定的亲水性，还有较强的亲脂性，是理想的脂蛋白的提取液，但必须在低温下操作。丁醇提取法对一些与脂质结合紧密的蛋白质和酶的提取特别优越，一是因为丁醇亲脂性强，特别是溶解磷脂的能力强；二是丁醇兼具亲水性，在溶解度范围内不会引起酶的变性失活。

1.3.3　蛋白质的纯化方法

在做纯化前对自己的目标物质特性了解越多对纯化将会越有利，可以通过电泳知道目标物质和杂质的情况，此外在纯化前必须先建立可靠的活性测定的方法。如果是未知的蛋白质，通常可以利用蛋白质的溶解度、分子质量、带电性质等的差异进行分离纯化。

1.3.3.1　根据蛋白质溶解度不同的分离方法

1）蛋白质的盐析

中性盐对蛋白质的溶解度有显著影响，一般在低盐浓度下随着盐浓度升高，蛋白质的溶解度增加，此称盐溶；当盐浓度继续升高时，蛋白质的溶解度不同程度下降并先后析出，这种现象称为盐析。将大量盐加到蛋白质溶液中，高浓度的盐离子（如硫酸铵的 SO_4^{2-} 和 NH_4^+）有很强的水化力，可夺取蛋白质分子的水化层，使之"失水"，于是蛋白质胶粒凝结并沉淀析出。盐析时若溶液 pH 在蛋白质等电点则效果更好。由于各种蛋白质分子颗粒大小、亲水程度不同，故盐析所需的盐浓度也不一样，因此调节混合蛋白质溶液中的中性盐浓度可使各种蛋白质分段沉淀。

影响盐析的因素有以下几种。

（1）温度：除对温度敏感的蛋白质在低温（4℃）操作外，一般可在室温中进行。一般温度低蛋白质溶解度降低。但有的蛋白质（如血红蛋白、肌红蛋白、清蛋白）在较高的温度（25℃）比 0℃时溶解度低，更容易盐析。

（2）pH：大多数蛋白质在等电点时在浓盐溶液中的溶解度最低。

（3）蛋白质浓度：蛋白质浓度高时，欲分离的蛋白质常常夹杂着其他蛋白质一起沉淀出来（共沉淀现象）。因此在盐析前，血清要加等量生理盐水稀释，使蛋白质含量为 2.5%～3.0%。

蛋白质盐析常用的中性盐主要有硫酸铵、硫酸镁、硫酸钠、氯化钠、磷酸钠等。其中应用最多的是硫酸铵，它的优点是温度系数小而溶解度大（25℃时饱和溶液浓度为 4.1mol/L，即 767g/L；0℃时饱和溶液浓度为 3.9mol/L，即 676g/L），在溶解度范围内，许多蛋白质和酶都可以盐析出来；另外硫酸铵分段盐析效果也比其他盐好，不易引起蛋白质变性。硫酸铵溶液的 pH 常为 4.5～5.5，当需要在其他 pH 进行盐析时，需用硫酸或氨水调节。

蛋白质在用盐析沉淀分离后，需要将蛋白质中的盐除去，常用的办法是透析，即把蛋白质溶液装入透析袋内（常用玻璃纸），用缓冲液进行透析，并不断地更换缓冲液，因透析所需时间较长，所以最好在低温中进行。此外也可用葡萄糖凝胶 G-25 或 G-50 层析的办法除盐，所用的时间比较短。

2）等电点沉淀法

蛋白质在等电点状态时，颗粒之间的静电斥力最小，因而溶解度也最小，各种蛋白质的等电点有差别，可利用调节溶液的 pH 达到某一蛋白质的等电点使之沉淀，但此法很少单独使用，可与盐析法结合用。

3）低温有机溶剂沉淀法

用与水可混溶的有机溶剂，如甲醇、乙醇或丙酮，可使多数蛋白质溶解度降低并析出，此法分辨率比盐析高，但蛋白质较易变性，应在低温下进行。

1.3.3.2　根据蛋白质分子大小的差别的分离方法

1）透析与超滤

透析法是利用半透膜将分子大小不同的蛋白质分开。超滤法是利用高压力或离心力，使水和其他小的溶质分子通过半透膜，而蛋白质留在膜上，可选择不同孔径的滤膜截留不同分子质量的蛋白质。

2）凝胶过滤法

也称分子排阻层析或分子筛层析，这是根据分子大小分离蛋白质混合物最有效的方法之一。柱中最常用的填充材料是葡萄糖凝胶（sephadex gel）和琼脂糖凝胶（agarose gel）。

1.3.3.3　根据蛋白质带电性、疏水性及生物学功能的差异进行分离

1) 电泳法

各种蛋白质在同一 pH 条件下，因分子质量和电荷数量不同而在电场中的迁移率不同而得以分开。值得重视的是等电聚焦电泳，这是利用一种两性电解质作为载体，电泳时两性电解质形成一个由正极到负极逐渐增加的 pH 梯度，当带一定电荷的蛋白质在其中泳动时，到达各自等电点的 pH 位置就停止，此法可用于分析和制备各种蛋白质。

2) 离子交换层析法

离子交换剂有阳离子交换剂（如羧甲基纤维素、CM-纤维素）和阴离子交换剂（如二乙氨基乙基纤维素等），当被分离的蛋白质溶液流经离子交换层析柱时，带有与离子交换剂相反电荷的蛋白质被吸附在离子交换剂上，随后用改变 pH 或离子强度的办法将吸附的蛋白质洗脱下来。

3) 亲和层析法

亲和层析法（affinity chromatography）是分离蛋白质的一种极为有效的方法，它经常只需经过一步处理即可使某种待提纯的蛋白质从很复杂的蛋白质混合物中分离出来，而且纯度很高。这种方法是根据某些蛋白质与另一种称为配体（ligand）的分子能特异而非共价地结合而达到分离的。

1.3.4　蛋白质的浓缩、干燥及保存

生物大分子在制备过程中往往浓度变得很稀，为了保存和鉴定需要进行浓缩。常用的浓缩方法包括减压加温蒸发浓缩法、空气流动蒸发浓缩法、冰冻法、透析吸收浓缩法以及超滤浓缩法等。

生物大分子制备得到的产品，为防止变质、易于保存，常需要干燥处理，最常用的方法是冷冻干燥和真空干燥。真空干燥适用于不耐高温、易于氧化物质的干燥和保存。在相同压力下，蒸汽压力随温度下降而下降，故在低温低压下，冰很易升华为气体。操作时一般先将待干燥的液体冷冻到冰点以下使之变成固体，然后在低温低压下将溶剂变成气体而除去。此法干燥后的产品具有疏松、溶解度好、保持天然结构等优点，适用于各类生物大分子的干燥保存。

生物大分子的稳定性与保存方法有很大关系。干燥的制品一般比较稳定，在低温情况下其活性可数日甚至数年无明显变化，贮藏要求简单，只要将干燥的样

品置于干燥器内（内装有干燥剂）密封，保存在 0～4℃ 冰箱即可，液态贮藏时应注意以下几点。

（1）样品不能太稀，必须浓缩到一定浓度才能封装贮藏，样品太稀易使生物大分子变性。

（2）一般需加入防腐剂和稳定剂，常用的防腐剂有甲苯、苯甲酸、氯仿、百里酚等。蛋白质和酶常用的稳定剂有硫酸铵糊、蔗糖、甘油等，酶也可加入底物和辅酶以提高其稳定性。此外，钙、锌、硼酸等溶液对某些酶也有一定保护作用。核酸大分子一般保存在氯化钠或柠檬酸钠的标准缓冲液中。

（3）贮藏温度要求低温，大多数在 0℃ 左右冰箱保存，有的则要求更低，应视不同物质而定。

2 细胞破碎与固液分离技术

2.1 细胞破碎技术

细胞破碎的目的是使分离对象尽可能地被释放出来，而不是破碎率越高越好，因为破碎率越高，核酸类及其他黏度大的物质被释放也就更多，同时细胞碎片太细也必然造成固液分离过程的困难。另外，在保证一定的目标产物释放量的情况下，细胞破碎的程度高意味着能耗的增加，对环保和减少成本是不利的。因此，选择合适的细胞破碎的方式，并且控制合适的破碎程度是细胞破碎过程的重要因素。这方面没有必然的选择和可以照搬的模式，必须根据材料的特点、目标产物的特性以及提纯的要求来选择。无论用哪一种方法破碎组织细胞，都会使细胞内蛋白质或核酸水解酶释放到溶液中，使大分子生物降解，导致天然物质数量的减少，加入二异丙基氟磷酸（DFP）可以抑制或减慢自溶作用，加入碘乙酸可以抑制那些活性中心需要有疏水基的蛋白水解酶的活性，加入苯甲磺酰氟化物（PMSF）也能清除蛋白水解酶活力，但不是全部，还可通过选择 pH、温度或离子强度等，使这些条件适合于目标物质的提取。常见的破碎细胞方法及其特点如下所述。

2.1.1 机 械 法

机械法主要通过机械切力的作用使组织细胞破碎，常用的器械有组织捣碎机、高压匀浆器、研钵、细菌磨、压榨器、超声波细胞破碎器等。

2.1.1.1 组织捣碎机

组织捣碎机一般适用于动物组织、植物肉质种子、柔嫩的叶芽等，转速可高达 10 000r/min 以上。由于旋转刀片的机械切力很大，制备一些较大分子，如核酸则很少使用。

2.1.1.2 高压匀浆器

高压匀浆器是常用的设备，它由可产生高压的正向排代泵（positivedisplacenemtpump）和排出阀（dischargevalve）组成，排出阀具有狭窄的小孔，其大小可以调节。细胞浆液通过止逆阀进入泵体内，在高压下迫使其在排出阀的小孔中高速冲出，并射向撞击环，由于突然减压和高速冲击，使细胞受到高的液相剪切力而破碎。在操作方式上，可以采用单次通过匀浆器或多次循环通过等方式，也可连续操作。为了控制温度的升高，可在进口处用干冰调节温度，使出口温度调节在20℃左右。在工业规模的细胞破碎中，对于酵母等难破碎及浓度高或处于生长静止期的细胞，常采用多次循环的操作方法。高压匀浆器存在的问题是：较易造成堵塞的团状或丝状真菌、较小的革兰氏阳性菌以及有些亚细胞器质地坚硬，易损伤匀浆阀，不适合用该法处理。

2.1.1.3 研　　钵

研钵多用于细菌或其他坚硬植物材料，研磨时常加入少量石英砂、玻璃粉或其他研磨剂，以提高研磨效果。

2.1.1.4 细　菌　磨

细菌磨是一种改良了的研磨器，比研钵具有更大的研磨面积，而且底部有出口。操作时先把细菌和研磨粉调成糊状，每次加入一小勺，研磨20～30s即可将细菌细胞完全磨碎。

2.1.1.5 超声波破碎器

用一定功率的超声波处理细胞悬液，使细胞急剧振荡破裂，此法多适用于微生物材料，用大肠杆菌制备各种酶，常选用50～100mg菌体/ml浓度，15～20kHz的超声波在高强度声能输入下可以进行细胞破碎。其破碎机制可能与空化现象引起的冲击波和剪切力有关，因此属利用液体剪切力的机械破碎细胞方法。超声破碎的效率与声频、声能、处理时间、细胞浓度及菌种类型等因素有关。本法优点是：操作简单、重复性较好、节省时间，多用于微生物和组织细胞的破碎。但是超声波产生的化学自由基团能使某些敏感性活性物质变性失活。而且大容量装置声能传递、散热均有困难，应采取相应降温措施。对超声波敏感物质和核酸应慎用。空化作用是细胞破坏的直接原因，同时也会产生活性氧，所以要加一些巯基保护剂。

2.1.2　物　理　法

物理法主要通过各种物理因素使组织细胞破碎。在生化制备中常用的方法有以下几种。

2.1.2.1　反复冻融法

反复冻融法原理是通过突然冷冻，使细胞内冰晶形成及细胞内外溶剂浓度突然改变而破坏细胞。具体操作方法为：将待破碎的细胞在−20℃以下冰冻，室温融解，反复几次，由于细胞内冰粒形成和剩余细胞液的盐浓度增高引起溶胀，使细胞结构破碎。此法适用于组织细胞，多用于动物性材料，对微生物细胞作用较差。

2.1.2.2　急热骤冷法

将材料投入沸水中维持85～90min，至水浴中急速冷却，此法可用于细菌及病毒材料。

2.1.2.3　渗透破碎法

对一些动物细胞，如血液红细胞可以将之悬浮于纯水中，利用细胞内外渗透压差使水分进入细胞而胀破细胞。

2.1.3　化学及生物化学法

2.1.3.1　自　溶　法

在一定 pH 和适当的温度下，利用组织细胞内自身的酶系统将细胞破碎的方法。此过程需较长时间，常用少量防腐剂，如甲苯、氯仿等防止细胞的污染。

2.1.3.2　酶　溶　法

利用各种水解酶，如溶菌酶、纤维素酶、蜗牛酶、半纤维素酶、脂酶等，将细胞壁分解，使细胞内含物释放出来。有些细菌对溶菌酶不敏感，加入少量巯基试剂或 8mol 尿素处理后，使之转为对溶菌酶敏感而溶解。

　　酶溶法具有以下优点：适用性广，可用于多种微生物的破碎；作用条件温和；内含物成分不易受到破坏；细胞壁损坏的程度可以控制。

　　酶溶法存在的问题有：易造成产物抑制作用，这可能是导致胞内物质释放率低的一个重要因素。而且溶酶价格高，限制了酶溶法的大规模利用。若回收溶酶，则又增加分离纯化溶酶的操作。另外酶溶法通用性差，不同菌种需选择不同的酶，有一定局限性，不适宜大量的蛋白质提取，给进一步纯化带来困难。

2.1.3.3　化学渗透法

　　某些有机溶剂（如苯、甲苯）、抗生素、表面活性剂、金属螯合剂、变性剂等化学药品都可以改变细胞壁或膜的通透性从而使内含物有选择地渗透出来。化学渗透取决于化学试剂的类型以及细胞壁和膜的结构与组成。

　　化学渗透法多用于破碎细菌，作用比较温和；提取核酸时，常用本方法破碎细胞。但本方法破碎时间长，效率低；化学试剂毒性较强，同时对产物也有毒害作用，进一步分离时需要用透析等方法除去这些试剂；另外本方法通用性差，某种试剂只能作用于某些特定类型的微生物细胞。

2.2　固液分离技术

　　经过预处理及细胞破碎后的料液中目标物质多数存在于提取液中，和细胞碎片、杂质颗粒及其他大分子和小分子物质混在一起，因此首先必须将目标产品所在的溶液组分和细胞碎片及杂质颗粒等不溶性固体成分分开，该过程就是固液分离过程。实现固液分离的技术手段很多，必须根据目标产品的性质、固体颗粒的性质以及液体与固体之间的关系等特点选择合适的方式。选取的固液分离手段不仅应该达到澄清物料的目的，而且对目标物质不能造成明显的性质改变或生物活性的丧失。离心分离是最常见也是最为稳定的固液分离技术，但离心分离并非适用于所有的物料，如果物料中固体颗粒的密度与液体的密度没有明显的差异，离心方法就不能达到固液分离的目的，此时一般应该选择常规过滤或膜过滤。如果颗粒比较大、物料的黏度比较小，选择常规过滤或膜过滤是比较好的策略。对于固液分离而言，一般情况下，物料的固体颗粒直径和密度大、物料黏度低是有利的，反之则对固液分离不利。所以，在材料预处理及细胞破碎过程应该充分考虑对后续固液分离效果的影响，避免料液颗粒太细、黏度太高。如果物料的状态不能满足固液分离的要求，可以考虑采取凝聚或沉淀的方式增加颗粒的大小及密度，并尽量降低料液的黏度。

2.3　离心分离技术

　　生物样品悬浮液在高速旋转下，由于巨大的离心力作用使悬浮的微小颗粒（细胞器、生物大分子等）以一定的速度沉降，从而与溶液得以分离的一种技术。沉降速度取决于颗粒的质量、大小和密度。

2.3.1　影响颗粒沉降速度的因素

　　处于悬浮状态的细胞、细胞器、病毒和生物大分子等称为"颗粒"。每个颗粒都有一定大小、形状、密度和质量。当离心机转子高速旋转时这些颗粒在介质中发生沉降或漂浮，沉降的速度与作用在颗粒上的力的大小和力的方向有关。颗粒除受到离心力（F_c）外，还受到颗粒在介质中移动时的摩擦阻力（F_f）、与离心力方向相反的浮力（F_B）、颗粒处于重力场之下的重力（F_g）和与重力方向相反的浮力（F_b）。此外，颗粒还受到周围介质小分子的作用力，当颗粒很小时，介质分子对颗粒的作用力十分明显，要使这种小颗粒沉降，需要更大的离心力。

　　离心力（F_c）的大小等于离心加速度 $\omega^2 R$ 与颗粒质量 m 的乘积，即

$$F_c = m\omega^2 R$$

式中，ω 为旋转角速度（弧度/秒）；R 为颗粒离旋转中心的距离（cm）；m 为质量（克）。

　　重力（F_g）是颗粒质量与重力加速度的乘积，用下式表示：

$$F_g = mg$$

　　重力的方向与离心力的方向互相垂直，同离心力相比，大小可以忽略不计。例如，离开旋转中心 12cm 的颗粒，在 $N=1000\text{r/min}$ 时离心，产生的离心力比重力大 134 倍。

　　介质对颗粒的摩擦阻力（F_f）用 Stocke 阻力方程表示：

$$F_f = 6\pi\eta r_p \mathrm{d}R/\mathrm{d}t$$

式中，η 为介质的黏滞系数（厘泊，cP）；r_p 为颗粒的半径（cm）；$\mathrm{d}R/\mathrm{d}t$ 为颗粒在介质中的移动速度（cm/s），又称为沉降速度，即单位时间内颗粒沉降的距离。上述方程只适用于球形颗粒，但不少生物颗粒并非球形，有椭球形、扁球形、棒形或线形等，这使情况更复杂。颗粒偏离球形程度越大，则阻力 F_f 值也越大。

　　在重力场中，浮力的定义是指被物体所排开周围介质的质量。但在离心场的情况下，颗粒的浮力与离心力方向相反，为颗粒排开介质的质量与离心加速度之

乘积。用下式表示：

$$F_B = P_m(m/P_p)\omega^2 R = P_m/P_p m\omega^2 R$$

式中，P_p 为颗粒密度（g/cm³）；P_m 为介质密度（g/cm³）；m/P_p 为介质的体积；$P_m(m/P_p)$ 为颗粒排开介质的质量。

综上所述，在离心场中，作用于颗粒上的力主要有离心力 F_c、浮力 F_B 和摩擦阻力 F_f。当离心转子从静止状态加速旋转时，如果原来处于悬浮状态的颗粒密度大于周围介质的密度，则颗粒离开轴心方向移动，即发生沉降；如果颗粒密度低于周围介质的密度，则颗粒朝向轴心方向移动，即发生漂浮。无论沉降或漂浮，离心力的方向与摩擦阻力和浮力方向相反；当离心力增大时，反向的两个力也增大，到最后离心力与摩擦阻力和浮力平衡，颗粒的沉降速度（或漂浮速度）达到某一极限，这时颗粒运动的加速度等于零，速度 dR/dt 变成恒速运动。那么

$$V = dR/dt = d^2(P_p - P_m)18\eta\omega^2 R$$

式中，d 为颗粒直径（cm）。对于非球形颗粒还应考虑 f/f_0 的摩擦系数比，即

$$dR/dt = d^2(P_p - P_m)/(18\eta f/f_0)\omega^2 R$$

从上式可见：①颗粒的沉降速度与颗粒直径的平方、颗粒与介质的密度差和离心加速度成正比，而与介质的黏滞度、颗粒偏离球形的程度成反比；②当颗粒的密度 $P_p > P_m$ 时，颗粒发生沉降；当 $P_p < P_m$ 时，颗粒漂浮；当 $P_p = P_m$ 时，颗粒不沉不浮；③在离心加速度 $\omega^2 R$ 不变的情况下，颗粒的沉降速度主要取决于颗粒的直径大小和颗粒的形状，而颗粒的密度所起的作用较小。

2.3.2　沉　降　系　数

1924 年，Svedberg 定义沉降系数为颗粒在单位离心力场作用下的沉降速度，即

$$S = (dR/dt)/\omega^2 R = d^2(P_p - P_m)/(18\eta f/f_0)$$

沉降系数的物理意义是颗粒在离心力作用下从静止状态到达极限速度所经过的时间。沉降系的单位用 svedberg 表示，量纲为 s，1 svednerg＝10^{-13} s，简称 S。在给定的介质中沉降系数的大小主要是由颗粒直径的平方和摩擦系数 f/f_0 所决定。

2.3.3　相对离心力和离心时间

相对离心力（RCF）是指在离心力场中，作用于颗粒的离心力相当于地球引力的倍数。重力加速度 $g＝980 cm/s^2$。故 RCF 的公式如下：

$$\text{RCF} = Fc/F_g = m\omega^2 R/mg = \omega^2 R/g$$
$$= (2\pi rpm/60)^2 R/980 = 1.118 \times 10^{-5} R(rpm)^2$$

式中，R 为离心转子的半径距离（cm）；rpm 为转速（r/min）。

　　一般情况下，低速离心时转速常以 rpm 来表示，超速离心则以 g 表示。计算颗粒的相对离心力时，应注意离心管与旋转中心的距离 R。由于转子的形状及设计差异，离心管的口部和底部到旋转轴中心距离差异很大，作用于离心管口部和底部的离心力相差近乎一倍，R 应指旋转轴中心到某被分离物质颗粒在离心管中所处位置的距离，该颗粒所受到离心力随其在管中的移动而变化。科技文献中，离心力的数据常指其平均值，即离心管中点的离心力。

　　沉降时间（t）是指在某一介质中使一种球形颗粒从液体的弯月面沉降到离心管底部所需要的离心时间。沉降时间与沉降速度成反比。

$$t = 18\eta/[\omega^2 d^2(P_p - P_m)]\ln(R_{max}/R_{min})$$

R_{max} 和 R_{min} 分别为转轴中心至离心管底部和液面的距离。

　　如果已知某种颗粒的沉降系数（S），则可估计其沉降时间（t）

$$t = 1/S[(\ln R_{max} - \ln R_{min})/\omega^2]$$

　　离心时间是由实验要求所决定，为了避免不稳定颗粒的凝聚、挤压损伤或变性失活，并使扩散所导致的区带加宽现象减弱，在保证分离的前提下，应尽可能缩短离心时间。相反，分离某些沉降较快的大颗粒时，为了达到预期的分离效果，往往使用黏度较大的梯度，以阻止颗粒的过度沉降，并延长离心时间。

2.3.4　离心机的分类

　　目前在生物工程领域内常用的离心机种类繁多，按其离心转子能达到最高转速分类有：低速离心机（在 6000r/min 以下）、高速离心机（在 25 000r/min 以下）和超速离心机（在 30 000r/min 以上）。目前商售大型超高速离心机最高转速达 100 000r/min，相对离心力 803 000g。在超速离心机中，根据用途不同，又可分为制备型超速离心机、分析型超速离心机及制备分析两用型超速离心机。近年制备型与分析型界限在逐步消失，出现制备分析两用机，通过更换转子和装上光学附件进行分析工作。用制备型的区带转子或水平转子，运用密度技术可测定颗粒沉降系数、病毒或核酸的浮力密度，部分代替了分析型超速离心机功能。在生物工程下游技术领域，主要采用制备型离心机。表 1-2-1 详细比较了三种不同级别的制备型离心机的主要特点。

表 1-2-1　三种不同级别的制备型离心机的比较

类型	普通离心机	高速离心机	超速离心机
最大转速/(r/min)	6000	25 000	30 000以上
最大 RCF(g)	6000	89 000	可达510 000以上
分离形式	差速离心	差速离心	密度梯度区带分离或差速沉降分离
离心管平衡允许误差	0.25g	0.1g	0.1g
转子	角式和外摆式转子	角式、外摆式转子等	角式、外摆式、区带转子等
仪器结构、性能和特点	速度控制不严格,多数室温下操作	有制冷装置,有较准确速度和温度控制系统	有真空和冷却系统,精确的温度和速度控制、监测系统,保证转子正常运转的传动和制动装置。
应用	收集易沉降的大颗粒(如 RBC,酵母细胞等)	集微生物、细胞碎片、大细胞、硫酸铵沉淀物和免疫沉淀物等。但不能有效沉淀病毒、小细胞器(如核糖体)、蛋白质等大分子	主要分离细胞器,病毒,核酸蛋白质,多糖等甚至能分开分子质量相近的同位素标记物[15] N-DNA 和未标记的 DNA

2.3.5　离心分离法的种类

2.3.5.1　差速离心法

差速离心法是指通过不断增加相对离心力,使沉降速度不同的颗粒,在不同离心速度及不同离心时间下分批离心的方法。差速离心法一般用于分离沉降系数相差较大的颗粒。

进行差速离心时,首先要选择好颗粒沉降所需要的离心力和离心时间。离心力过大或离心时间过长,容易导致大部分或全部颗粒沉降及颗粒被挤压损伤。当一定离心力在一定的离心时间内进行离心时,在离心管底部就会得到最大和最重颗粒的沉淀,分出的上清液进一步加大转速再次进行离心,又得到第二部分较大、较重颗粒的"沉淀"及含更小更轻颗粒的"上清液"。如此多次离心处理,即能把流体中的不同颗粒较好地分离开,此法所得沉淀是不均一的,仍杂有其他成分,需经再悬浮和再离心(2 次或 3 次),才能得到较纯的颗粒。

差速离心法主要用于分离细胞器和病毒。其优点是:操作简单,离心后用倾倒法即可将上清液与沉淀分开，并可使用容量较大的角式转子。缺点是：①分离效果差，不能一次得到纯颗粒；②管壁效应严重，特别当颗粒很大或浓度很高时，在离心管一侧会出现沉淀；③颗粒被挤压，离心力过大，离心时间过长会使颗粒变形、聚集而失活。差速离心的分辨率不高，沉降系数在同一个数量级内的各种颗粒不容易分开，它常用于其他分离手段之前的粗制品提取。颗粒越大，沉降速度也越大，离心后沉淀到离心机底部所需的时间越短。

2.3.5.2　密度梯度离心法

密度梯度离心法包括速度区带和等密度离心两种方法。后者又可分为预制梯度等密度及自形成梯度等密度两种方法，现分别叙述如下。

1）速度区带离心法

速度区带离心法是在离心前离心管内先装入密度梯度介质（如蔗糖、甘油、KBr、CsCl 等），待分离的样品铺在梯度液的顶部或梯度层中间，同梯度液一起离心。由于离心力的作用，颗粒离开原样品层，按不同沉降速度向管底沉降，离心一定时间后，沉降的颗粒逐渐分开，最后形成一系列界面清楚的不连续区带。沉降系数越大，往下沉降越快，所呈的区带也越低。沉降系数较小的颗粒，则在较上部分依次出现。在离心过程中，区带的位置和形状（或宽度）随时间而改变，因此区带的宽度不仅取决于样品组分的数量、梯度的斜率、颗粒的扩散作用和均一性，也与离心时间有关，时间越长，区带越宽。适当增加离心力可缩短离心时间，并减少扩散所导致的区带加宽现象，增加区带面的稳定性。

归纳起来有两种密度梯度液，一种密度随管长或半径呈阶梯式增加，为不连续梯度。另一种是密度随管长或半径逐渐增加为连续梯度。

不连续密度梯度制备：通常先配好一系列不同密度的溶液，然后用移液管将梯度介质由浓到稀沿管壁小心加入，或用一支加细管的注射器针头插到管底，从稀到浓一层层地铺到离心管中，即可产生一个不连续的密度梯度。

连续密度梯度制备：最简单的设备包括两个柱形的容器。中间装一连通管，连通管上安装有活塞开关，两边为储存室和混合室，后者内装有搅拌器，通过导液管使混合液流入离心管中。离心管顶部和底部所需要的两种不同密度溶液，分别装入储存室和混合室内。将较浓的溶液放在混合室中，较稀的溶液放在储存室中。开动搅拌器，打开接通管活塞，控制流速。导液管口必须紧贴离心管壁（或导液管口插到管底部位并位于其中心），因为这样从混合室中流出蔗糖溶液的浓度以线性速率减低，使溶液沿离心管壁流下，可以避免扰乱已形成的密度梯度。

2) 等密度离心法

　　某些密度梯度介质经过离心后会自身形成梯度，如 CsCl、Cs_2SO_4 和三碘苯甲酰葡萄糖胺经长时间离心后也可产生稳定的梯度。需要离心分离的样品可和梯度介质先均匀混合，梯度介质由于离心力的作用逐渐形成管底浓而管顶稀的密度梯度，与此同时原来分布均匀的颗粒也发生重新分布。当管底介质的密度大于颗粒的密度，即 $\rho_m > \rho_p$ 时，颗粒上浮；当管顶介质的密度小于颗粒的密度，即 $\rho_p > \rho_m$ 时，则颗粒沉降；最后颗粒进入到一个它本身的密度位置，即 $\rho_p = \rho_m$，颗粒不再移动，形成稳定的区带。等密度离心法需时间较长，一般为十几小时至几十小时。

　　梯度材料的选择原则：①对被分离的生物样品无作用，不会使生物样品失活；②在溶液中稳定，在离心作用下不会解离或聚合；③在使用的密度范围中，黏度低，渗透压小，离子强度及 pH 变化小；④易与被分离的颗粒分开；⑤不会对离心机设备发生腐蚀作用；⑥便于浓度测定等。这些原则当然比较理想，完全符合每种性能的梯度材料几乎是没有的。下面介绍几种基本上符合上述原则的梯度材料。

　　（1）糖类：蔗糖、甘油、聚蔗糖（Ficoll）、右旋糖酐、糖原等。

　　（2）无机盐类：CsCl（氯化铯）、RbCl（氯化铷）、NaCl、KBr 等。

　　（3）有机碘化物：三磺苯甲酰葡萄糖胺（martizamide）等。

　　（4）硅溶胶：Ludox 的各种类型，如 Percoll。

　　梯度液的收集：离心后颗粒在梯度液中分层，小心取出离心管，防止振摇，以避免分层的颗粒混合。收集梯度液中颗粒的方法很多，有管底穿孔计滴法、插管虹吸计滴法、浓液顶替法和注射器穿孔抽取法等。

3) 双水相萃取技术

　　当固液两相的密度相差不大，并且料液的黏度比较大时，过滤和离心法均难以达到固液分离的目的，此时选择萃取技术可能起到明显的效果。双水相萃取（two aqueous phase extraction）是在两个水相间进行的萃取。大部分萃取采用一个是水相，另一个是有机相，但有机相易使蛋白质等生物活性物质变性。最近发现有一些高分子水溶液（如相对分子质量从几千到几万的聚乙二醇）与硫酸盐水溶液混合，可以分为两个水相，蛋白质在两个水相中的溶解度有很大的差别。故可以利用双水相萃取过程分离蛋白质等溶于水的生物产品。

　　可形成双水相的双聚合物体系很多，如聚乙二醇（PEG）/葡聚糖（Dx），聚丙二醇/聚乙二醇，甲基纤维素/葡聚糖。双水相萃取中采用的双聚合物系统是 PEG/Dx，该双水相的上相富含 PEG，下相富含 Dx。另外，聚合物与无机盐的混合溶液也可以形成双水相，如 PEG/磷酸钾（KPi）、PEG/磷酸铵、PEG/硫酸钠等常用于双水相萃取。PEG/无机盐系统的上相富含 PEG，下相富含无机盐。例如，用聚乙二醇（PEG Mr 为 6000）/磷酸钾系统从大肠杆菌匀浆中提取 β-半乳糖苷酶。这是一个很有前途的新的分离方法，特别适用于生物工程产品的分离。

3　膜分离技术

　　利用膜的选择性实现料液的不同组分的分离、纯化、浓缩的过程称为膜分离。它与传统过滤的不同在于，膜可以在分子范围内进行分离，并且这个过程是一种物理过程，不需发生相的变化和添加辅助剂。膜的孔径一般为微米级，依据其孔径的不同（或称为截留分子质量、切割分子质量），可将膜分为微滤膜、超滤膜、纳滤膜和反渗透膜；根据材料的不同，可分为无机膜和有机膜。无机膜主要还只有微滤级别的膜，主要是陶瓷膜和金属膜；有机膜是由高分子材料做成的，如醋酸纤维素、芳香族聚酰胺、聚醚砜、聚氟聚合物等。

　　在实验室和生产中通常利用微滤技术除去细菌等微生物，达到无菌的目的。例如，无菌室和生物反应器的空气过滤，热敏性药物和营养物质的过滤除菌，纯生啤酒、无菌水、软饮料的生产等。

　　反渗透主要用于分离各种离子和小分子物质。在无离子水的制备，海水淡化等方面广泛应用。电渗透主要用于酶液或其他溶液的脱盐、海水淡化、纯水制备以及其他带电荷小分子的分离。也可以将凝胶电泳后的含有蛋白质或核酸等的凝胶切开，置于中心室，经过电渗析，使带电荷的大分子从凝胶中分离出来。

　　超滤技术不仅用于生化物质的分离纯化，同时还可以达到溶液浓缩的目的。特别适用于各种生化药物和液体酶制剂的生产。然而对超滤膜的要求较高，对于那些需要小分子辅酶的酶的生产不适用。

　　透析主要用于酶和其他生物大分子的分离纯化，从中除去无机盐等小分子物质。透析设备简单、操作容易。但是透析时间较长，透析结束时，透析膜内侧的保留液体积较大，浓度较低，难于工业化生产。

3.1　透　　析

　　透析是应用得最早的膜分离技术。透析法的特点是用于分离两类分子质量差别较大的物质，即将相对分子质量 10^3 级以上的大分子物质与相对分子质量在 10^3 级以下的小分子物质分离。透析法是在常压下依靠小分子物质的扩散运动来完成的，此点不同于超滤。

　　透析法多用于去除大分子溶液中的小分子物质，称为脱盐。其次常用来对溶液中小分子成分进行缓慢的改变，这就是所谓的透析平衡，如透析结晶等。

　　透析膜两边都是液体，一边是供试样品液，主要成分是生物大分子，是实验过程中需要留下的部分，被称作"保留液"；另一边是"纯净"溶剂，即水或缓冲液，是供经薄膜扩散出来的小分子物质逗留的空间场所，或是提供平衡小分子物质的"仓库"，透析完成后往往是不要的，被称作"渗出液"。

透析膜材料可用动物膜、羊皮纸、火棉胶或赛璐玢等制成。透析时，一般将半透膜制成透析袋、透析管、透析槽等形式。透析时，欲分离的混合液装在透析膜内侧，外侧是水或缓冲液。在一定的温度下，透析一段时间，使小分子物质从膜的内侧透出到膜的外侧。必要时，膜外侧的水或缓冲液可以多次或连续更换。

3.1.1　透析膜的处理

新购的透析膜因含有增塑剂（也是防干裂剂）、甘油、硫化物以及重金属离子，使用前必须除去。方法是：分别用蒸馏水、0.01mol/L 乙酸或稀 EDTA 溶液浸泡，洗后再用。要求高时则应进行严格处理：先将玻璃纸放在 50％的乙醇溶液中用水浴煮 1h，再依次换 50％的乙醇溶液、10mmol/L 碳酸氢钠溶液、1mmol/L EDTA 溶液、蒸馏水各泡洗 2 次。最后在 4℃蒸馏水中保存备用。存放时间长的要放在 0.02％叠氮化钠溶液或加适量氯仿的蒸馏水中防腐保存。用过或用溶液处理过的透析膜一定要湿保存，否则一经干燥便会开裂不能再使用。

可用以下方法改变透析袋孔径大小。

（1）用 64％氯化锌溶液处理 15min，可使膜孔径增大，使大分子也能通过膜孔。

（2）纤维素膜用 27％乙酸吡啶溶液处理，会使孔径减小。

（3）将透析袋内盛满水，在两端进行拉伸，会使透析袋变薄，加快透析速率；如果不向袋内注入水而充满空气在两端拉伸，膜的孔径会变小，使有些溶质不能透过膜。

3.1.2　透析膜的使用

预处理过后要先检查膜有无小孔，方法是将透析管一端扎紧，装入蒸馏水，轻轻挤压，检查膜有无水渗出。若有水渗出，说明有小孔，不能使用。

如果没有问题则可加样，灌入待透析液但不能灌满，应留出一定的空袋长度。处理液含盐分越多，吸入的水分越多，袋胀得越大，越易胀破，应留出空袋，空袋中的空气要排除再扎紧袋口。

然后可将透析袋置于透析液面下数毫米处进行透析，可利用磁力搅拌器将由袋中透出的盐及小分子及时驱散，保持袋内外的浓度差，使小分子由高浓度向低浓度的扩散作用继续进行。透析过程中应及时更换袋外透析液，当袋内外盐及小分子浓度相等或相近时，即袋内外浓度差很小或为零时，就要换上新的透析液。

透析液可以是蒸馏水、去离子水或低浓度的盐及低浓度的缓冲液，根据需要选择。一般隔 5~6h 或过夜换一次透析液，透析液的体积要尽量大些，一般是被透析液的 20 倍以上。

透析结束的判断可用电导仪。开始透析时，透析液的电导率会越来越大，当更换了几次透析液后，电导率变得越来越小。当新加透析液，透析几小时后，电导率几乎未变，表示袋内几乎无盐或无小分子出来时，透析可结束。若无电导仪可以凭经验判断，更换 4 次或 5 次透析液基本可以。如果被透析液中的目的物是对温度敏感的物质，在室温下易失活，整个装置就要放在低温（1~3℃）下进行。如果待透析的液体体积大、含盐量又高时，除选用直径最大的透析袋外，还可先用流动的自来水透析（细菌、病毒等细胞和大分子不能进入袋内）一段时间，将大部分盐去掉后再改用去离子水、蒸馏水透析，可节省电或能源。

3.2　超滤技术

超滤技术是最近几十年迅速发展起来的一项分子级薄膜分离手段，它以特殊的超滤膜为分离介质，以膜两侧的压力差为推动力，将不同分子质量的物质进行选择性分离。

超滤膜的最小截留分子质量为 500Da，在生化制药中可用来分离蛋白质、酶、核酸、多糖、抗生素、病毒等。超滤的优点是没有相的转移，无需添加任何强烈化学物质，可以在低温下操作，过滤速度较快，便于做无菌处理等。所有这些都能使分离操作简化，避免了生物活性物质的活力损失和变性。

3.2.1　超滤膜的构造

早期的膜是所谓"各向同性膜"，膜的厚度较大，孔隙为一定直径的圆柱形。这种膜流速低，易堵塞。为了解决透过速度和机械强度的矛盾，最好的办法是制备在不同方向上物质结构和性质不同的膜，即所谓"各向异性膜"。该类膜正反两面的结构不一致，又称各向异性扩散膜。膜质分为两层，其"功能层"是具有一定孔径的多孔"皮肤层"，厚度为 0.1~1μm；另一层是孔隙大得多的"海绵层"，或称"支持层"，厚度约 1mm。"皮肤层"决定了膜的选择透过性质，而"海绵层"增大了它的机械强度。这种膜不易堵塞，流速要比各向同性膜快数十倍。目前超滤所用的膜基本上都是各向异性扩散膜。

可用来制造超滤膜的材料很多，有纤维素硝酸酯（或乙酸酯）、芳香酰胺纤维（尼龙）、芳香聚砜、丙烯腈-氯乙烯共聚物等。这些材料制成的膜都应用于水溶性物质的分离。

3.2.2　超滤膜的选用

1) 截留分子质量

超滤膜的孔径一般为 10～100Å，但超滤膜通常不以其孔径大小作为指标，而以截留分子质量作为指标。所谓"分子质量截留值"是指阻留率达 90% 以上的最小被截留物质的分子质量。

2) 流动速率

流动速率是超滤技术效率的重要参数，通常用在一定压力下每分钟通过单位面积膜的液体量来表示。实验室中多用 $ml/(cm^2 \cdot min)$ 表示。工业上的流率比较复杂，需注明具体条件才能比较，常用的单位为 $gal/(ft^2 \cdot min)$（GFD）（1gal ＝4.55L）。

3) 其他

在使用超滤技术时除考虑分子质量截留值和流率外，还须了解各种超滤膜的性质和使用条件。包括：操作温度、化学耐受性、膜的吸附性质、膜的无菌处理方式等。

3.2.3　超滤膜的清洗

新膜被保存在含有微量保湿剂和灭菌剂的环境中，而使用过的膜则被保存在以氢氧化钠等为保护剂的稀溶液中，因此，在生物溶液流经膜以前必须将膜冲洗干净。清洗用水最好为干净的去离子水或注射用水。

在正式超滤前为了保证整个系统（包括膜、管道、泵等）均处于合适的状态，将该系统充满与生物分子相同的缓冲或生理溶液是非常重要的。通过这一步骤可以达到以下重要目的：pH 与离子强度的稳定与一致，温度的稳定，去除空气及气泡。

超滤膜在使用后进行有效的清洗是非常重要的，它可以保证处理各批物料的效果可靠与稳定，延长膜的使用寿命，降低运行成本，清洗时应考虑超滤料液的性质和污染物种类，以此决定清洗剂的选择，同时要考虑与膜的化学兼容性和价格因素，以及操作的便利性等。

3.3　微孔膜过滤技术

微孔膜过滤又称为"精密过滤"，是最近 20 多年发展起来的一种薄膜过滤技术，主要用于分离亚微米级颗粒，是目前应用最广泛的一种分离分析微细颗粒和超净除菌的手段。

（1）再生纤维素膜。该类膜能耐受热压灭菌的高温，也能经受各种有机溶剂的处理，但不能在水介质中使用。

（2）纤维素酯膜。纤维素酯膜是目前使用最多的一类微孔滤膜，性能优良，成本较低。该类膜能耐受热压灭菌，亲水性强，孔径均匀。其中最常见的是醋酸纤维素膜，它的最大特点是不吸附蛋白质、核酸等生物分子，滤速好，产品回收率高，膜的贮藏和使用安全。

（3）聚四氟乙烯膜。聚四氟乙烯膜化学性质极为稳定。可耐受强酸、强碱、强氧化剂、各种腐蚀性液体和各种有机溶剂，工作温度范围也大，为 $180\sim250℃$，属于强疏水性膜。

（4）聚氯乙烯膜。聚氯乙烯膜的物理、化学稳定性及疏水性均不及聚四氟乙烯膜，能耐受较强的酸和碱，但不耐高温，工作温度不能超过 $65℃$。消毒只能使用乙醇、$2\%\sim3\%$甲醛、0.1%硫柳汞等。

（5）超细玻璃纤维滤膜。超细玻璃纤维滤膜由玻璃纤维、玻璃粉经聚丙烯酸胶黏剂黏结而成，一般厚度为 $0.25\sim1.0mm$，实为深层型滤膜。因多用于处理气体介质，有时称作"空气超净过滤纸"。该类膜化学稳定性好，除氢氟酸及强碱外，能耐受各种化学试剂和有机溶剂，也不吸收空气中的水分，自身质量稳定性好，光学透过性亦佳，在许多有机溶剂中呈完全透明态。

商品滤膜常用"平均孔径"、"公称孔径"及"最大孔径"等指标表示孔径规格，理论上应以最大孔径为准，但测得的最大孔径往往大于实际孔径。因此，在适当条件下，通常可以保证所有大于标定孔径值的细菌或颗粒均被截留，甚至可截留空气中直径小于孔径 $1/5\sim1/3$ 的尘粒。

微孔滤膜孔径为 $0.025\sim14\mu m$ 时操作压力为 $1\sim10lb/in^2$。

孔径为 $0.01\sim0.05\mu m$ 的膜可以截留噬菌体、较大病毒或大的胶体颗粒，可用于病毒分离。

孔径为 $0.1\mu m$ 的膜用于试剂的超净、分离沉淀和胶体悬液，也有作生物膜模拟之用。

孔径为 $0.2\mu m$ 的膜用于高纯水的制备、制剂除菌、细菌计数、空气病毒定量测定等。

孔径为 $0.45\mu m$ 的微孔滤膜用得最多，常用来进行水的超净化处理、汽油超净、电子工业超净、注射液的无菌检查、饮用水的细菌检查、放射免疫测定、光测介质溶液的净化以及锅炉水中 $Fe(OH)_3$ 的分析等。

4 层 析 技 术

层析法是一种基于被分离物质的物理、化学及生物学特性的不同，使它们在某种基质中移动速度不同而进行分离和分析的方法。例如，我们利用物质在溶解度、吸附能力、立体化学特性及分子的大小、带电情况及离子交换、亲和力的大小及特异的生物学反应等方面的差异，使其在流动相与固定相之间的分配系数（或称分配常数）不同，达到彼此分离的目的。

4.1 层析的基本概念

1) 固定相

固定相是层析的一个基质。它可以是固体物质（如吸附剂、凝胶、离子交换剂等），也可以是液体物质（如固定在硅胶或纤维素上的溶液），这些基质能与待分离的化合物进行可逆的吸附、溶解、交换等作用，它对层析的效果起着关键的作用。

2) 流动相

在层析过程中，推动固定相上待分离的物质朝着一个方向移动的液体、气体或超临界体等，都称为流动相。柱层析中一般称为洗脱剂，薄层层析时称为展层剂。它也是层析分离中的重要影响因素之一。

3) 分配系数及迁移率（或比移值）

分配系数是指在一定的条件下，某种组分在固定相和流动相中含量（浓度）的比值，常用 K 来表示。分配系数是层析中分离纯化物质的主要依据。

$$K = C_s/C_m$$

式中，C_s 为固定相中的物质浓度；C_m 为流动相中的物质浓度。

迁移率（或比移值）是指在一定条件下，在相同的时间内某一组分在固定相移动的距离与流动相本身移动的距离之比值。常用 R_f 来表示（R_f 小于或等于1）。可以看出：K 增加，R_f 减少；反之，K 减少，R_f 增加。

实验中我们还常用相对迁移率的概念。相对迁移率是指在一定条件下，在相同时间内，某一组分在固定相中移动的距离与某一标准物质在固定相中移动的距离之比值。它可以小于等于1，也可以大于1。用 R_x 来表示。不同物质的分配系数或迁移率是不同的。分配系数或迁移率的差异程度是决定几种物质采用层析方法能否分离的先决条件。很显然，差异越大，分离效果越理想。分配系数主要与下列因素有关：①被分离物质本身的性质；②固定相和流动相的性质；③层析柱的温度。对于温度的影响有下列关系式：

$$\ln K = -(\Delta G^0/RT)$$

式中，K 为分配系数（或平衡常数）；ΔG^0 为标准自由能变化；R 为气体常数；T 为绝对温度。

这是层析分离的热力学基础。一般情况下，层析时组分的 ΔG^0 为负值，则温度与分配系数呈反比关系。通常温度上升 20℃，K 值下降一半，它将导致组分移动速率增加。这也是为什么在层析时最好采用恒温柱的原因。有时对于 K 值相近的不同物质，可通过改变温度的方法，增大 K 值之间的差异，达到分离的目的。

4）分辨率（或分离度）

分辨率一般定义为相邻两个峰的分开程度。用 Rs 来表示。图 1-4-1 是计算分辨率的示意图。

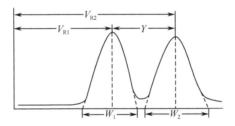

图 1-4-1   计算分辨率示意图

V_{R1}：组分 1 从进样点到对应洗脱峰值之间洗脱液的总体积

V_{R2}：组分 2 从进样点到对应洗脱峰值之间洗脱液的总体积

W_1：组分 1 的洗脱峰宽度

W_2：组分 2 的洗脱峰宽度

Y：组分 1 和组分 2 洗脱峰值处洗脱液的总体积之差值

$$Rs = \frac{V_{R2} - V_{R1}}{\dfrac{W_1 + W_2}{2}} = \frac{2Y}{W_1 + W_2}$$

由上式可见，Rs 值越大，两种组分分离的越好。当 $Rs=1$ 时，两组分具有较好的分离，互相沾染约 2%，即每种组分的纯度约为 98%。当 $Rs=1.5$ 时，两组分基本完全分开，每种组分的纯度可达到 99.8%。如果两种组分的浓度相差较大时，尤其要求较高的分辨率。

为了提高分辨率 Rs 的值，可采用以下方法。

（1）增加柱长，N 可增大，可提高分离度，但它造成分离的时间加长，洗脱液体积增大，并使洗脱峰加宽，因此不是一种特别好的办法。

（2）减小理论塔板的高度。例如，减小固定相颗粒的尺寸，并加大流动相的压力。高效液相色谱（HPLC）就是这一理论的实际应用。一般液相层析的固定相颗粒为 100mm；而 HPLC 柱子的固定相颗粒为 10mm 以下，且压力可达 150kg/cm² 。它使 Rs 大大提高，也使分离的效率大大提高了。

（3）采用适当的流速，也可使理论塔板的高度降低，增大理论塔板数。太高或太低的流速都是不可取的。对于一个层析柱，它有一个最佳的流速。特别是对于气相色谱，流速影响相当大。

（4）改变容量因子 D（固定相与流动相中溶质量的分布比）。一般是加大 D，但 D 的数值通常不超过 10，再大对提高 Rs 不明显，反而使洗脱的时间延长，谱带加宽，一般 D 最佳范围为 1.5～5。我们可以通过改变柱温（一般降低温度），改变流动相的性质及组成（如改变 pH、离子强度、盐浓度、有机溶剂比例等），或改变固定相体积与流动相体积之比（如用细颗粒固定相，填充的紧密与均匀些），提高 D 值，使分离度增大。

（5）增大 a（分离因子，也称选择性因子，是两组分容量因子 D 之比），使 Rs 变大。实际上，使 a 增大，就是使两种组分的分配系数差值增大。同样，我们可以通过改变固定相的性质、组成，改变流动相的性质、组成，或者改变层析的温度，使 a 发生改变。应当指出的是，温度对分辨率的影响，是对分离因子与理论塔板高度的综合效应。因为温度升高，理论塔板高度有时会降低，有时会升高，这要根据实际情况去选择。通常，a 的变化对 Rs 影响最明显。

总之，影响分度或者说分离效率的因素是多方面的。我们应当根据实际情况综合考虑，特别是对于生物大分子，我们还必须考虑它的稳定性、活性等问题，如 pH、温度等都会产生较大的影响，这是生化分离绝不能忽视的，否则，将不能得到预期的效果。

5）正相色谱与反相色谱

正相色谱是指固定相的极性高于流动相的极性，因此，在这种层析过程中非极性分子或极性小的分子比极性大的分子移动的速度快，先从柱中流出来。

反相色谱是指固定相的极性低于流动相的极性，在这种层析过程中，极性大的分子比极性小的分子移动的速度快而先从柱中流出。

一般来说，分离纯化极性大的分子（带电离子等）采用正相色谱（或正相柱），而分离纯化极性小的有机分子（有机酸、醇、酚等）多采用反相色谱（或反相柱)。

6）操作容量（或交换容量）

在一定条件下，某种组分与基质（固定相）反应达到平衡时，存在于基质上的饱和容量，我们称为操作容量（或交换容量）。它的单位是毫摩尔（或毫克）/克（基质）或毫摩尔（或毫克）/毫升（基质），数值越大，表明基质对该物质的亲和力越强。应当注意，同一种基质对不同种类分子的操作容量是不相同的，这主要是由于分子大小（空间效应）、带电荷的多少、溶剂的性质等多种因素的影响。因此，实际操作时，加入的样品量要尽量少些，特别是生物大分子，样品的加入量更要进行控制，否则用层析办法不能得到有效的分离。

4.2 层析法的分类

层析根据不同的标准可以分为多种类型。

根据固定相基质的形式分类，层析可以分为纸层析、薄层层析和柱层析。纸层析是指以滤纸作为基质的层析。薄层层析是将基质在玻璃或塑料等光滑表面铺成一薄层，在薄层上进行层析。柱层析则是指将基质填装在管中形成柱形，在柱中进行层析。纸层析和薄层层析主要适用于小分子物质的快速检测分析和少量分离制备，通常为一次性使用，而柱层析是常用的层析形式，适用于样品分析、分离。生物化学中常用的凝胶层析、离子交换层析、亲和层析、高效液相色谱等都通常采用柱层析形式。

根据流动相的形式分类，层析可以分为液相层析和气相层析。气相层析是指流动相为气体的层析，而液相层析指流动相为液体的层析。气相层析测定样品时需要气化，大大限制了其在生化领域的应用，主要用于氨基酸、核酸、糖类、脂肪酸等小分子的分析鉴定。而液相层析是生物领域最常用的层析形式，适于生物样品的分析、分离。

根据分离的原理不同分类，层析主要可以分为吸附层析、分配层析、凝胶过滤层析、离子交换层析、亲和层析等。吸附层析是以吸附剂为固定相，根据待分离物与吸附剂之间吸附力不同而达到分离目的的一种层析技术。分配层析是根据在一个有两相同时存在的溶剂系统中，不同物质的分配系数不同而达到分离目的的一种层析技术。凝胶过滤层析是以具有网状结构的凝胶颗粒作为固定相，根据物质的分子大小进行分离的一种层析技术。离子交换层析是以离子交换剂为固定相，根据物质的带电性质不同而进行分离的一种层析技术。亲和层析是根据生物大分子和配体之间的特异性亲和力（如酶和抑制剂、抗体和抗原、激素和受体等），将某种配体连接在载体上作为固定相，而对能与配体特异性结合的生物大分子进行分离的一种层析技术。亲和层析是分离生物大分子最为有效的层析技术，具有很高的分辨率。

4.3　柱层析的基本操作

4.3.1　装　　柱

柱子装的质量好与差，是柱层析法能否成功分离纯化物质的关键步骤之一。一般要求柱子装的要均匀，不能分层，柱子中不能有气泡等，否则要重新装柱。

首先选好柱子，根据层析的基质和分离目的而定。一般柱子的直径与长度比为 1：（10～50）；凝胶柱可以选 1：（100～200），同时将柱子洗涤干净。

将层析用的基质（如吸附剂、树脂、凝胶等）在适当的溶剂或缓冲液中溶胀，并用适当浓度的酸（0.5～1mol/L）、碱（0.5～1mol/L）、盐（0.5～1mol/L）溶液洗涤处理，以除去其表面可能吸附的杂质。然后用去离子水（或蒸馏水）洗涤干净并真空抽气（吸附剂等与溶液混合在一起），以除去其内部的气泡。

关闭层析柱出水口，并装入 1/3 柱高的缓冲液，并将处理好的吸附剂等缓慢地倒入柱中，使其沉降约 3cm 高。

打开出水口，控制适当流速，使吸附剂等均匀沉降，并不断加入吸附剂溶液（吸附剂的多少根据分离样品的多少而定）。注意不能干柱、分层，否则必须重新装柱。最后使柱中基质表面平坦并在表面上留有 2～3cm 高的缓冲液，同时关闭出水口（采用机械化装柱法在此省略）。

4.3.2　平　　衡

柱子装好后，要用所需的缓冲液（有一定的 pH 和离子强度）平衡柱子。用恒流泵在恒定压力下走柱（平衡与洗脱时的压力尽可能保持相同）。平衡液体积一般为 3～5 倍柱床体积，以保证平衡后柱床体积稳定及基质充分平衡。如果需要，可用蓝色葡聚糖-2000 在恒压下走柱，如果色带均匀下降，则说明柱子是均匀的。有时柱子平衡好后，还要进行转型处理。这方面的内容在离子交换层析中加以介绍。

4.3.3　加　　样

加样量的多少直接影响分离的效果。一般讲，加样量尽量少些，分离效果比较好。通常加样量应少于 20% 的操作容量，体积应低于 5% 的床体积，对于分析性柱层析，一般不超过床体积的 1%。当然，最大加样量必须在具体条件下多次试验后才能决定。应注意的是，加样时应缓慢小心地将样品溶液加到固定相表面，尽量避免冲击基质，以保持基质表面平坦。

4.3.4 洗 脱

当我们选定好洗脱液后，洗脱的方式可分为简单洗脱、分步洗脱和梯度洗脱三种。

简单洗脱：柱子始终用同样的一种溶剂洗脱，直到层析分离过程结束为止。如果被分离物质对固定相的亲和力差异不大，其区带的洗脱时间间隔（或洗脱体积间隔）也不长，采用这种方法是适宜的。但选择的溶剂必须很合适方能使各组分的分配系数较大。否则应采用下面的方法。

分步洗脱：这种方法按照递增洗脱能力顺序排列几种洗脱液，进行逐级洗脱。它主要是混合物组成简单、各组分性质差异较大或需快速分离时适用。每次用一种洗脱液将其中一种组分快速洗脱下来。

梯度洗脱：当混合物中组分复杂且性质差异较小时，一般采用梯度洗脱。它的洗脱能力是逐步连续增加的，梯度可以指浓度、极性、离子强度或 pH 等。最常用的是浓度梯度，在水溶液中，亦即离子强度梯度。

洗脱条件的选择，也是影响层析效果的重要因素。当对所分离的混合物的性质了解较少时，一般先采用线性梯度洗脱的方式去尝试，但梯度的斜率要小一些，尽管洗脱时间较长，但对性质相近的组分分离更为有利。同时还应注意洗脱时的速率。前面我们已经谈到，流速的快慢将影响理论塔板高度，从而影响分辨率。事实上，速度太快，各组分在固液两相中平衡时间短，相互分不开，仍以混合组分流出。速度太慢，将增大物质的扩散，同样达不到理想的分离效果。只有多次试验才会得到合适的流速。总之，我们必须经过反复的试验与调整（可以用正交试验或优选法），才能得到最佳的洗脱条件。还应强调的一点是，在整个洗脱过程中，千万不能干柱，否则分离纯化将会前功尽弃。

4.3.5 收集、鉴定及保存

基本上我们都是采用部分收集器来收集分离纯化的样品，由于检测系统的分辨率有限，洗脱峰不一定能代表一个纯净的组分。因此，每管的收集量不能太多，一般 1～5ml/管。如果分离的物质性质很相近，可低至 0.5ml/管，这视具体情况而定。在合并一个峰的各管溶液之前，还要进行鉴定。例如，一个蛋白质峰的各管溶液，我们要先用电泳法对各管进行鉴定，对于是单条带的，认为已达电泳纯，合并在一起，其他的另行处理。对于不同种类的物质采用相应的鉴定方法，在这里不再叙述。最后，为了保持所得产品的稳定性与生物活性，我们一般采用透析除盐、超滤或减压薄膜浓缩，再冰冻干燥，得到干粉，在低温下保存备用。

4.4 凝 胶 层 析

凝胶层析（gel chromatography）又称为凝胶排阻层析（gel exclusion chromatography）、分子筛层析（molecular sieve chromatography）、凝胶过滤（gel filtration）、凝胶渗透层析（gel permeation chromatography）（流动相为有机溶剂的凝胶层析一般称为凝胶渗透层析）等。它是以多孔性凝胶填料为固定相，按分子大小顺序分离样品中各个组分的液相色谱方法。凝胶层析是生物化学中一种常用的分离手段，它具有设备简单、操作方便、样品回收率高、实验重复性好、特别是不改变样品生物学活性等优点，因此广泛用于蛋白质（包括酶）、核酸、多糖等生物分子的分离纯化，同时还应用于蛋白质分子质量的测定、脱盐、样品浓缩等。

凝胶层析是依据分子大小这一物理性质进行分离纯化的。凝胶层析的固定相是惰性的珠状凝胶颗粒，凝胶颗粒的内部具有立体网状结构，形成很多孔穴。当含有不同分子大小的组分的样品进入凝胶层析柱后，各个组分就向固定相的孔穴内扩散，组分的扩散程度取决于孔穴的大小和组分分子大小。比孔穴孔径大的分子不能扩散到孔穴内部，完全被排阻在孔外，只能在凝胶颗粒外的空间随流动相向下流动，它们经历的流程短，流动速度快，所以首先流出；而较小的分子则可以完全渗透进入凝胶颗粒内部，经历的流程长，流动速度慢，所以最后流出；而分子大小介于二者之间的分子在流动中部分渗透，渗透的程度取决于它们分子的大小，所以它们流出的时间介于二者之间，分子越大的组分越先流出，分子越小的组分越后流出。这样样品经过凝胶层析后，各个组分便按分子从大到小的顺序依次流出，从而达到了分离的目的。

4.4.1 凝胶层析的基本概念

外水体积是指凝胶柱中凝胶颗粒周围空间的体积，也就是凝胶颗粒间流动相的体积。内水体积是指凝胶颗粒中孔穴的体积，凝胶层析中固定相体积就是指内水体积。基质体积是指凝胶颗粒实际骨架体积。而柱床体积就是指凝胶柱所能容纳的总体积。洗脱体积是指将样品中某一组分洗脱下来所需洗脱液的体积。我们设柱床体积为 V_t，外水体积为 V_o，内水体积为 V_i，基质体积为 V_g，则有：

$$V_t = V_o + V_i + V_g$$

由于 V_g 相对很小，可以忽略不计，则有：

$$V_t = V_o + V_i$$

设洗脱体积为 V_e，V_e 一般是介于 V_o 和 V_t 之间的。对于完全排阻的大分子，由于其不进入凝胶颗粒内部，而只存在于流动相中，故其洗脱体积 $V_e = V_o$；对于完全渗透的小分子，由于它可以存在于凝胶柱整个体积内（忽略凝胶本身体积 V_g），故其洗脱体积 $V_e = V_t$。分子质量介于二者之间的分子，它们的洗脱体积也介于二者之间。有时可能会出现 $V_e > V_t$，这是由于这种分子与凝胶有吸附作用造成的。

柱床体积 V_t 可以通过加入一定量的水至层析柱预定标记处，然后测量水的体积来测定。外水体积 V_o 可以通过测定完全排阻的大分子物质的洗脱体积来测定，一般常用蓝色葡聚糖-2000 作为测定外水体积的物质。因为它的相对分子质量大（为 200 万），在各种型号的凝胶中都被排阻，并且它呈蓝色，易于观察和检测。

分配系数是指某个组分在固定相和流动相中的浓度比。对于凝胶层析，分配系数实质上表示某个组分在内水体积和在外水体积中的浓度分配关系。在凝胶层析中，分配系数通常表示为

$$K_{av} = (V_e - V_o)/(V_t - V_o)$$

前面介绍了 V_t 和 V_o 都是可以测定的，所以测定了某个组分的 V_e 就可以得到这个组分的分配系数。对于一定的层析条件，V_t 和 V_o 都是恒定的，大分子先被洗脱出来，V_e 值小，K_{av} 值也小，而小分子后被洗脱出来，V_e 值大，K_{av} 值也大。对于完全排阻的大分子，$V_e = V_o$，故 $K_{av} = 0$。而对于完全渗透的大分子，$V_e = V_t$，故 $K_{av} = 1$。一般 K_{av} 值为 0～1，如 $K_{av} > 1$，则表示这种物质与凝胶有吸附作用。对于某一型号的凝胶，在一定的分子质量范围内，各个组分的 K_{av} 与其分子质量的对数呈线性关系：

$$K_{av} = -b\lg M_w + c$$

式中，b、c 为常数；M_w 为物质的分子质量。另外由于 V_e 和 K_{av} 也呈线性关系，所以同样有：

$$V_e = -b'\lg M_w + c'$$

式中，b'、c' 为常数。这样我们通过将一些已知分子质量的标准物质在同一凝胶柱上以相同条件进行洗脱，分别测定 V_e 或 K_{av}，并根据上述的线性关系绘出标准曲线，然后在相同的条件下测定未知物的 V_e 或 K_{av}，通过标准曲线即可求出其分子质量。这就是凝胶层析测定分子质量的基本原理。

排阻极限是指不能进入凝胶颗粒孔穴内部的最小分子的分子质量。所有大于排阻极限的分子都不能进入凝胶颗粒内部，直接从凝胶颗粒外流出，所以它们同

时被最先洗脱出来。排阻极限代表一种凝胶能有效分离的最大分子质量，大于这种凝胶的排阻极限的分子用这种凝胶不能得到分离。例如，Sephadex G-50 的排阻极限为 30 000，它表示相对分子质量大于 30 000 的分子都将直接从凝胶颗粒之外被洗脱出来。

分级分离范围表示一种凝胶适用的分离范围，对于分子质量在这个范围内的分子，用这种凝胶可以得到较好的线性分离。例如，Sephadex G-75 对球形蛋白的分级分离范围为 3000～70 000，它表示相对分子质量在这个范围内的球形蛋白质可以通过 Sephadex G-75 得到较好的分离。应注意，对于同一型号的凝胶，球形蛋白质线形蛋白的分级分离范围是不同的。

吸水率是指 1g 干的凝胶吸收水的体积或者质量，但它不包括颗粒间吸附的水分。所以它不能表示凝胶装柱后的体积。而床体积是指 1g 干的凝胶吸水后的最终体积。

层析用的凝胶一般都成球形，颗粒的大小通常以目数（mesh）或者颗粒直径（mm）来表示。柱子的分辨率和流速都与凝胶颗粒大小有关。颗粒大，流速快，但分离效果差；颗粒小，分离效果较好，但流速慢。一般比较常用的是 100～200 目。

4.4.2　凝胶的种类和性质

凝胶的种类很多，常用的凝胶主要有葡聚糖凝胶（dextran）、聚丙烯酰胺凝胶（polyacrylamide）、琼脂糖凝胶（agarose）以及聚丙烯酰胺和琼脂糖之间的交联物。另外还有多孔玻璃珠、多孔硅胶、聚苯乙烯凝胶等。下面将分别介绍。

1）葡聚糖凝胶

葡聚糖凝胶是指由天然高分子葡聚糖与其他交联剂交联而成的凝胶。葡聚糖凝胶主要由 Pharmacia Biotech 生产，常见的有两大类，商品名分别为 Sephadex 和 Sephacryl。葡聚糖凝胶中最常见的是 Sephadex 系列，它是葡聚糖与 3-氯-1, 2-环氧丙烷（交联剂）相互交联而成，交联度由环氧氯丙烷的百分比控制。Sephadex 的主要型号是 G-10～G-200，后面的数字是凝胶的吸水率（单位是 ml/g 干胶）乘以 10，如 SephadexG-50，表示吸水率 5ml/g 干胶。Sephadex 的亲水性很好，在水中极易膨胀，不同型号的 Sephadex 的吸水率不同，它们的孔穴大小和分离范围也不同。数字越大的，排阻极限越大，分离范围也越大。Sephadex 中排阻极限最大的 G-200 为 6×10^5。Sephadex 在水溶液、盐溶液、碱溶液、弱酸溶液以及有机溶液中都是比较稳定的，可以多次重复使用。Sephadex 稳定工作的 pH 一般为 2～10。强酸溶液和氧化剂会使交联的糖苷键水解断裂，所以要避免 Sephadex 与强酸和氧化剂接触。Sephadex 在高温下稳定，可以煮沸消毒，在 100℃下煮沸 40min 对凝胶的结构和性能都没有明显的影响。Sephadex 由于含有羟基基团，故呈弱酸性，这使得它有可能与分离物中的一些带电基团（尤其是碱性蛋白质）发生吸附作用。但一般在离子强度大于 0.05 的条件下，几乎没有吸附作用。所以在用 Sephadex 进行凝胶层析实验时常使用一定浓度的盐溶液作为洗脱液，这样就可以避免 Sephadex 与蛋白质发生吸附，但应注意如果盐浓度过高，会引起凝胶柱床体积发生较大的变化。Sephadex 有各种颗粒大小（一般有粗、中、细、超细）可以选择，一般粗颗粒流速快，但分辨率较差；细颗粒流速慢，但分辨率高。要根据分离要求来选择颗粒大小。Sephadex 的机械稳定性相对较差，它不耐压，分辨率高的细颗粒要求流速较慢，所以不能实现快速而高效的分离。另外，SephadexG-25 和 G-50 中分别加入羟丙基基团，形成 LH 型烷基化葡聚糖凝胶，主要型号为 SephadexLH-20 和 LH-60，适用于以有机溶剂为流动相，分离脂溶性物质，如胆固醇、脂肪酸激素等。

Sephacryl 是葡聚糖与甲叉双丙烯酰胺（N, N'-methylenebisacrylamide）交联而成。是一种比较新型的葡聚糖凝胶。Sephacryl 的优点就是它的分离范围很大，排阻极限甚至可以达到 10^8，远远大于 Sephadex 的范围。所以它不仅可以用于分离一般蛋白质，也可以用于分离蛋白质多糖、质粒、甚至较大的病毒颗粒。Sephacryl 与 Sephadex 相比另一个优点就是它的化学和机械稳定性更高：Sephacryl 在各种溶剂中很少发生溶解或降解，可以用各种去污剂、胍、脲等作为洗脱液，耐高温，Sephacryl 稳定工作的 pH 一般为 3~11；另外 Sephacryl 的机械性能较好，可以以较高的流速洗脱，比较耐压，分辨率也较高。所以 Sephacryl 相比 Sephadex 可以实现相对比较快速而且较高分辨率的分离。

2）聚丙烯酰胺凝胶

聚丙烯酰胺凝胶是丙烯酰胺（acrylamide）与甲叉双丙烯酰胺交联而成。改变丙烯酰胺的浓度，就可以得到不同交联度的产物。聚丙烯酰胺凝胶主要由 Bio-Rad Laboratories 生产，商品名为 Bio-Gel P，主要型号有 Bio-Gel P-2~Bio-Gel P-300 等 10 种，后面的数字基本代表它们的排阻极限的 10^{-3}，所以数字越大，可分离的分子质量也就越大。聚丙烯酰胺凝胶的分离范围、吸水率等性能基本近似于 Sephadex。排阻极限最大的 Bio-Gel P-300 为 4×10^5。聚丙烯酰胺凝胶在水溶液、一般的有机溶液、盐溶液中都比较稳定。聚丙烯酰胺凝胶在酸中的稳定性较好，在 pH 为 1~10 时比较稳定。但在较强的碱性条件下或较高的温度下，聚丙烯酰胺凝胶易发生分解。聚丙烯酰胺凝胶非常亲水，基本不带电荷，所以吸附效应较小。另外，聚丙烯酰胺凝胶不会像葡聚糖凝胶和琼脂糖凝胶那样可能生长微生物。聚丙烯酰胺凝胶对芳香族、酸性、碱性化合物可能略有吸附作用，使用离子强度略高的洗脱液就可以避免。

3）琼脂糖凝胶

琼脂糖是从琼脂中分离出来的天然线性多糖，它是琼脂去掉其中带电荷的琼脂胶得到的。琼脂糖是由 D-半乳糖（D-galactose）和 3,6-脱水半乳糖（anhydrogalactose）交替构成的多糖链。它在 100℃时呈液态，当温度降至 45℃以下时，多糖链以氢键方式相互连接形成双链单环的琼脂糖，经凝聚即成为束状的琼脂糖凝胶。琼脂糖凝胶的商品名因生产厂家不同而异，常见的主要有 Pharmacia Biotech 生产的 Sepharose（2B～4B）和 Bio-Rad Laboratories 生产的 Bio-gel A 等。琼脂糖凝胶在 pH 为 4～9 时是稳定的，它在室温下很稳定，稳定性要超过一般的葡聚糖凝胶和聚丙烯酰胺凝胶。琼脂糖凝胶对样品的吸附作用很小。另外琼脂糖凝胶的机械强度和孔穴的稳定性都很好，一般好于前两种凝胶，在高盐浓度下，柱床体积一般不会发生明显变化，使用琼脂糖凝胶时洗脱速度可以比较快。琼脂糖凝胶的排阻极限很大，分离范围很广，适合于分离大分子物质，但分辨率较低。琼脂糖凝胶不耐高温，使用温度以 0～30℃为宜。Sepharose 与 2,3-二溴丙醇反应，形成 Sepharose CL 型凝胶（CL-2B～CL-4B），它们的分离特性基本没有改变，但热稳定性和化学稳定性都有所提高，可以在更广泛的 pH 范围内应用，稳定工作的 pH 范围为 3～13。Sepharose CL 型凝胶还特别适合于含有有机溶剂的样品的分离。

4）聚丙烯酰胺和琼脂糖交联凝胶

这类凝胶是由交联的聚丙烯酰胺和嵌入凝胶内部的琼脂糖组成。它们主要由 LKB 提供，商品名为 Ultragel。这种凝胶由于含有聚丙烯酰胺，所以有较高分辨率；而它又含有琼脂糖，这使得它又有较高的机械稳定性，可以使用较高的洗脱速度。调整聚丙烯酰胺和琼脂糖的浓度可以使 Ultragel 有不同的分离范围。

5）多孔硅胶、多孔玻璃珠

多孔硅胶和多孔玻璃珠都属于无机凝胶。顾名思义，它们就是将硅胶或玻璃制成具有一定直径的网孔状结构的球形颗粒。这类凝胶属于硬质无机凝胶，它们的最大的特点是机械强度很高、化学稳定性好，使用方便而且寿命长。无机胶一般柱效较低，但用微粒多孔硅胶制成的 HPLC 柱也可以有很高的柱效，可以达到 4104 塔板/m。多孔玻璃珠易破碎，不能填装紧密，所以柱效相对较低。多孔硅胶和多孔玻璃珠的分离范围都比较宽，多孔硅胶一般为 102～5106，多孔玻璃珠一般为 3103～9106。它们的最大缺点是吸附效应较强（尤其是多孔硅胶），可能会吸附比较多的蛋白质，但可以通过表面处理和选择洗脱液来降低吸附。另外它们也不能用于强碱性溶液，一般使用时 pH 应小于 8.5。

另外值得一提的是各类凝胶技术近年来发展得很快，目前已研制出很多性能优越的新型凝胶。例如，Pharmacia Biotech 的 Superdex 和 Superrose，Superdex 的分辨率非常高，化学物理稳定性也很好，可以用于 FPLC、HPLC 分析；而 Superose 的分离范围很广，分辨率较高，可以一次性的分离分子质量差异较大的混合物。同时它的机械稳定性也很好。

4.4.3 凝胶的选择、处理和保存

1) 凝胶的选择

不同类型的凝胶在性质以及分离范围上都有较大的差别，所以在进行凝胶层析实验时要根据样品的性质以及分离的要求选择合适的凝胶，这是影响凝胶层析效果好坏的一个关键因素。一般来讲，选择凝胶首先要根据样品的情况确定一个合适的分离范围，根据分离范围来选择合适型号的凝胶。一般的凝胶层析实验可以分为两类：分组分离（group separations）和分级分离（fractionations）。分组分离是指将样品混合物按分子质量大小分成两组，一组分子质量较大，另一组分子质量较小。例如，蛋白质样品的脱盐或蛋白质、核酸溶液去除小分子杂质以及一些注射剂去除大分子热源物质等。分级分离则是指将一组分子质量比较接近的组分分开。在分组分离时要选择能将大分子完全排阻而小分子完全渗透的凝胶，这样分离效果好。一般常用排阻极限较小的凝胶类型。分级分离时则要根据样品组分的具体情况来选择凝胶的类型，凝胶的分离范围一方面应包括所要分离的各个组分的分子质量，另一方面要合适，不能过大。如果分离范围选择过小，则某些组分不能得到分离；如分离范围选择过大，则分辨率较低，分离效果也不好。

选择凝胶另外一个方面就是凝胶颗粒的大小。颗粒小，分辨率高，但相对流速慢，实验时间长，有时会造成扩散现象严重；颗粒大，流速快，分辨率较低但条件得当也可以得到满意的结果。选择时要依据分离的具体情况而定，如样品中各个组分差别较大，则可以选用大颗粒的凝胶，这样可以很快的达到分离的目的；如果有个别组分差别较小，则要考虑使用小颗粒凝胶以提高分辨率。由于凝胶一般都比较稳定，所以它在一般的实验条件下都可以正常的工作。如果实验条件比较特殊，如在较强的酸碱中进行或含有有机溶剂等，则要仔细查看凝胶的工作参数，选择合适的类型的凝胶。

2) 凝胶的处理

凝胶使用前首先要进行处理。选择好凝胶的类型后，首先要根据选择的层析柱估算出凝胶的用量。由于市售的葡聚糖凝胶和丙烯酰胺凝胶通常是无水的干

胶，所以要计算干胶用量：干胶用量（g）＝柱床体积（ml）/凝胶的溶胀体积（ml/g）。由于凝胶在处理过程以及实验过程中可能有一定损失，所以一般凝胶用量在计算的基础上再增加 10％～20％。

葡聚糖凝胶和丙烯酰胺凝胶干胶的处理首先是在水中膨化，不同类型的凝胶所需的膨化时间不同。一般吸水率较小的凝胶（即型号较小、排阻极限较小的凝胶）膨化时间较短，在 20℃条件下需 3～4h；但吸水率较大的凝胶（即型号较大、排阻极限较大的凝胶）膨化时间则较长，20℃条件下需十几个到几十个小时，如 Sephadex G-100 以上的干胶膨化时间都要在 72h 以上。如果加热煮沸，则膨化时间会大大缩短，一般在 1～5h 即可完成，而且煮沸也可以去除凝胶颗粒中的气泡。但应注意尽量避免在酸或碱中加热，以免凝胶被破坏。琼脂糖凝胶和有些市售凝胶是水悬浮的状态，所以不需膨化处理。另外多孔玻璃珠和多孔硅胶也不需膨化处理。

膨化处理后，要对凝胶进行纯化和排除气泡。纯化可以反复漂洗，倾泻去除表面的杂质和不均一的细小凝胶颗粒。也可以用一定的酸或碱浸泡一段时间，再用水洗至中性。排除凝胶中的气泡是很重要的，否则会影响分离效果，可以通过抽气或加热煮沸的方法排除气泡。

3）凝胶的保存

凝胶的保存一般是反复洗涤去除蛋白质等杂质，然后加入适当的抗菌剂，通常加入 0.02％的叠氮化钠，4℃下保存。如果要较长时间的保存，则要将凝胶洗涤后脱水、干燥，可以将凝胶过滤抽干后浸泡在 50％的乙醇中脱水，抽干后再逐步提高乙醇浓度反复浸泡脱水，至 95％乙醇脱水后将凝胶抽干，置于 60℃烘箱中烘干，即可装瓶保存。注意膨化的凝胶不能直接高温烘干，否则可能会破坏凝胶的结构。

4.4.4　凝胶层析的基本操作

凝胶层析的基本操作步骤与前面介绍的柱层析的操作过程基本相似，这里就不再重复了。下面主要介绍凝胶层析操作中应注意的一些具体问题。

1）层析柱的选择

层析柱大小主要是根据样品量的多少以及对分辨率的要求来进行选择。一般来讲，主要是层析柱的长度对分辨率影响较大，长的层析柱分辨率要比短的高；但层析柱长度不能过长，否则会引起柱子不均一、流速过慢等实验上的一些困难。一般柱长度不超过 100cm，为得到高分辨率，可以将柱子串联使用。层析柱的直径和长度比一般为（1∶25）～（1∶100）。用于分组分离的凝胶柱，如脱盐柱，由于对分辨率要求较低，所以一般比较短。

2）凝胶柱的鉴定

凝胶柱的填装情况将直接影响分离效果，关于填装的方法前面已有介绍，这里主要介绍对填装好的凝胶柱的鉴定。凝胶柱填装后用肉眼观察应均匀、无纹路、无气泡。另外通常可以采用一种有色的物质，如蓝色葡聚糖-2000、血红蛋白等上柱，观察有色区带在柱中的洗脱行为以检测凝胶柱的均匀程度。如果色带狭窄、平整、均匀下降，则表明柱中的凝胶填装情况较好，可以使用；如果色带弥散、歪曲，则需重新装柱。另外值得一提的是，有时为了防止新凝胶柱对样品的吸附，可以用一些物质预先过柱，以消除吸附。

3）洗脱液的选择

由于凝胶层析的分离原理是分子筛作用，它不像其他层析分离方式主要依赖于溶剂强度和选择性的改变来进行分离，在凝胶层析中流动相只是起运载工具的作用，一般不依赖于流动相性质和组成的改变来提高分辨率，改变洗脱液的主要目的是为了消除组分与固定相的吸附等相互作用，所以和其他层析方法相比，凝胶层析洗脱液的选择不那么严格。由于凝胶层析的分离机制简单以及凝胶稳定工作的 pH 范围较广，所以洗脱液的选择主要取决于待分离样品，一般来说只要能溶解被洗脱物质并不使其变性的缓冲液都可以用于凝胶层析。为了防止凝胶可能有吸附作用，一般洗脱液都含有一定浓度的盐。

4）加样量

关于加样前面已经有所介绍，要尽量快速、均匀。另外加样量对实验结果也可能造成较大的影响，加样过多，会造成洗脱峰的重叠，影响分离效果；加样过少，提纯后各组分量少、浓度较低，实验效率低。加样量的多少要根据具体的实验要求而定：凝胶柱较大，当然加样量就可以较大；样品中各组分分子质量差异较大，加样量也可以较大；一般分级分离时加样体积为凝胶柱床体积的 1%～5%，而分组分离时加样体积可以较大，一般为凝胶柱床体积的 10%～25%。如果有条件可以首先以较小的加样量先进行一次分析，根据洗脱峰的情况来选择合适的加样量。设要分离的两个组分的洗脱体积分别为 V_{e1} 和 V_{e2}，那么加样量不能超过（$V_{e1}-V_{e2}$）。实际由于样品扩散，加样量应小于这个值。从洗脱峰上看，如果所要的各个组分的洗脱峰分得很开，为了提高效率，可以适当增加加样量；如果各个组分的洗脱峰只是刚好分开或没有完全分开，则不能再加大加样量，甚至要减小加样量。另外加样前要注意，样品中的不溶物必须在上样前去掉，以免污染凝胶柱。样品的黏度不能过大，否则会影响分离效果。

5）洗脱速度

　　洗脱速度也会影响凝胶层析的分离效果，一般洗脱速度要恒定而且合适。保持洗脱速度恒定通常有两种方法：一种是使用恒流泵，另一种是恒压重力洗脱。洗脱速度取决于很多因素，包括柱长、凝胶种类、颗粒大小等，一般来讲，洗脱速度慢一些，样品可以与凝胶基质充分平衡，分离效果好。但洗脱速度过慢会造成样品扩散加剧、区带变宽，反而会降低分辨率，而且实验时间会大大延长，所以实验中应根据实际情况来选择合适的洗脱速度，可以通过进行预备实验来选择洗脱速度。市售的凝胶一般会提供一个建议流速，可供参考。

　　总之，凝胶层析的各种条件，包括凝胶类型、层析柱大小、洗脱液、上样量、洗脱速度等，都要根据具体的实验要求来选择。例如，样品中各个组分差异较小，则实验要求凝胶层析要有较高的分辨率。提高分辨率的选择应主要包括：选择包括各个待分离组分但分离范围尽量小一些的凝胶，选择颗粒小的凝胶，选择分辨率高的凝胶类型，选择较长、直径较大的层析柱、减少加样量、降低洗脱速度等。但正如前面讲过的，各种选择都有一个限度，超过这个限度可能会产生相反的效果。另外需要提的一点是，实验时应尽可能的参考相关实验和文献以及进行预实验，以选择最合适的实验条件。

4.5　离子交换层析

　　离子交换层析（ion exchange chromatography，IEC）是以离子交换剂为固定相，依据流动相中的组分离子与交换剂上的平衡离子进行可逆交换时的结合力大小的差别而进行分离的一种层析方法。离子交换层析是生物化学领域中常用的一种层析方法，广泛的应用于各种生化物质，如氨基酸、蛋白质、糖类、核苷酸等的分离纯化。

4.5.1　离子交换剂的种类和性质

1）离子交换剂的基质

　　离子交换剂的大分子聚合物基质可以由多种材料制成，聚苯乙烯离子交换剂（又称为聚苯乙烯树脂）是以苯乙烯和二乙烯苯合成的具有多孔网状结构的聚苯乙烯为基质。聚苯乙烯离子交换剂机械强度大、流速快。但它与水的亲和力较小，具有较强的疏水性，容易引起蛋白质的变性。故一般常用于分离小分子物质，如无机离子、氨基酸、核苷酸等。以纤维素（cellulose）、球状纤维素

(sephacel)、葡聚糖（sephadex）、琼脂糖（sepharose）为基质的离子交换剂都与水有较强的亲和力，适合于分离蛋白质等大分子物质，葡聚糖离子交换剂一般以 Sephadex G-25 和 G-50 为基质，琼脂糖离子交换剂一般以 Sepharose CL-6B 为基质。关于这些离子交换剂的性质可以参阅相应的产品介绍。

2）离子交换剂的电荷基团

根据与基质共价结合的电荷基团的性质，可以将离子交换剂分为阳离子交换剂和阴离子交换剂。阳离子交换剂的电荷基团带负电，可以交换阳离子物质。根据电荷基团的解离度不同，又可以分为强酸型、中等酸型和弱酸型三类。它们的区别在于它们电荷基团完全解离的 pH 范围，强酸型离子交换剂在较大的 pH 范围内电荷基团完全解离，而弱酸型完全解离的 pH 范围则较小，如羧甲基在 pH 小于 6 时就失去了交换能力。一般结合磺酸基团（—SO_3H），如磺酸甲基（SM）、磺酸乙基（SE）等为强酸型离子交换剂；结合磷酸基团（—PO_3H_2）和亚磷酸基团（—PO_2H）为中等酸型离子交换剂；结合酚羟基（—OH）或羧基（—COOH），如羧甲基（CM）为弱酸型离子交换剂。一般来讲强酸型离子交换剂对 H^+ 离子的结合力比 Na^+ 离小，弱酸型离子交换剂对 H^+ 离子的结合力比 Na^+ 离子大。阴离子交换剂的电荷基团带正电，可以交换阴离子物质。同样根据电荷基团的解离度不同，可以分为强碱型、中等碱型和弱碱型三类。一般结合季胺基团 [—$N(CH_3)_3$]，如季胺乙基（QAE）为强碱型离子交换剂；结合叔胺 [—$N(CH_3)_2$]、仲胺（—$NHCH_3$）、伯胺（—NH_2）等为中等或弱碱型离子交换剂；结合二乙基氨基乙基（DEAE）为弱碱型离子交换剂。一般来讲强碱型离子交换剂对 OH^- 的结合力比 Cl^- 小，弱碱型离子交换剂对 OH^- 的结合力比 Cl^- 大。

3）交换容量

交换容量是指离子交换剂能提供交换离子的量，它反映离子交换剂与溶液中离子进行交换的能力。通常所说的离子交换剂的交换容量是指离子交换剂所能提供交换离子的总量，又称为总交换容量，它只和离子交换剂本身的性质有关。在实际实验中关心的是层析柱与样品中各个待分离组分进行交换时的交换容量，它不仅与所用的离子交换剂有关，还与实验条件有很大的关系，一般又称为有效交换容量。后面提到的交换容量如未经说明都是指有效交换容量。

影响交换容量的因素很多，主要可以分为两个方面。一方面是离子交换剂颗粒大小、颗粒内孔隙大小以及所分离的样品组分的大小等的影响。这些因素主要影响离子交换剂中能与样品组分进行作用的有效表面积。样品组分与离子交换剂作用的表面积越大，交换容量越高。一般离子交换剂的孔隙应尽量能够让样品组分进入，这样样品组分与离子交换剂作用面积大。分离小分子样品，可以选择较小孔隙的交换剂，因为小分子可以自由的进入孔隙，而小孔隙离子交换剂的表面积大于大孔隙的离子交换剂。对于较大分子样品，可以选择小颗粒交换剂，因为对于很大的分子，一般不能进入孔隙内部，交换只限于颗粒表面，而小颗粒的离子交换剂表面积大。另一方面是离子强度、pH 等的影响。这些因素主要影响样品中组分和离子交换剂的带电性质。一般 pH 对弱酸和弱碱型离子交换剂影响较大，如对于弱酸型离子交换剂在 pH 较高时，电荷基团充分解离，交换容量大，而在较低的 pH 时，电荷基团不易解离，交换容量小。同时 pH 也影响样品组分的带电性。尤其对于蛋白质等两性物质，在离子交换层析中要选择合适的 pH 以使样品组分能充分的与离子交换剂交换、结合。一般来说，离子强度增大，交换容量下降。实验中增大离子强度进行洗脱，就是要降低交换容量以将结合在离子交换剂上的样品组分洗脱下来。

离子交换剂的总交换容量通常以每毫克或每毫升交换剂含有可解离基团的毫克当量数（meq/mg 或 meq/ml）来表示。通常可以由滴定法测定。阳离子交换剂首先用 HCl 处理，使其平衡离子为 H^+，再用水洗至中性。对于强酸型离子交换剂，用 NaCl 充分置换出 H^+，再用标准浓度的 NaOH 滴定生成的 HCl，就可以计算出离子交换剂的交换容量；对于弱酸型离子交换剂，用一定量的碱将 H^+ 充分置换出来，再用酸滴定，计算出离子交换剂消耗的碱量，就可以算出交换容量。阴离子交换剂的交换容量也可以用类似的方法测定。对于一些常用于蛋白质分离的离子交换剂也通常用每毫克或每毫升交换剂能够吸附某种蛋白质的量来表示，一般这种表示方法对于分离蛋白质等生物大分子具有更大的参考价值。

4.5.2　离子交换剂的选择、处理和保存

1) 离子交换剂的选择

离子交换剂的种类很多，离子交换层析要取得较好的效果首先要选择合适的离子交换剂。首先是对离子交换剂电荷基团的选择，确定是选择阳离子交换剂还是选择阴离子交换剂。这要取决于被分离的物质在其稳定的 pH 下所带的电荷，如果带正电，则选择阳离子交换剂；如果带负电，则选择阴离子交换剂。例如，待分离的蛋白质等电点为 4，稳定的 pH 范围为 6～9，由于这时蛋白质带负电，故应选择阴离子交换剂进行分离。强酸或强碱型离子交换剂适用的 pH 范围广，常用于分离一些小分子物质或在极端 pH 下的分离。由于弱酸型或弱碱型离子交换剂不易使蛋白质失活，故一般分离蛋白质等大分子物质常用弱酸型或弱碱型离子交换剂。其次是对离子交换剂基质的选择。聚苯乙烯等疏水性较强的离子交换剂一般常用于分离小分子物质，如无机离子、氨基酸、核苷酸等。而纤维素、葡

聚糖、琼脂糖等离子交换剂亲水性较强，适合于分离蛋白质等大分子物质。一般纤维素离子交换剂价格较低，但分辨率和稳定性都较低，适于初步分离和大量制备。葡聚糖离子交换剂的分辨率和价格适中，但受外界影响较大，体积可能随离子强度和 pH 变化有较大改变，影响分辨率。琼脂糖离子交换剂机械稳定性较好，分辨率也较高，但价格较贵。另外离子交换剂颗粒大小也会影响分离的效果。离子交换剂颗粒一般呈球形，颗粒的大小通常以目数或者颗粒直径（mm）来表示，目数越大表示直径越小。前面在介绍交换容量时提到了一些关于交换剂颗粒大小、孔隙的选择。另外离子交换层析柱的分辨率和流速也都与所用的离子交换剂颗粒大小有关。一般来说颗粒小，分辨率高，但平衡离子的平衡时间长，流速慢；颗粒大则相反。所以大颗粒的离子交换剂适合于对分辨率要求不高的大规模制备性分离，而小颗粒的离子交换剂适于需要高分辨率的分析或分离。

这里特别要提到的是，离子交换纤维素目前种类很多，其中以 DEAE-纤维素（二乙基氨基纤维素）和 CM-纤维素（羧甲基纤维素）最常用，它们在生物大分子物质（蛋白质、酶、核酸等）的分离方面显示很大的优越性。一是它具有开放性长链和松散的网状结构，有较大的表面积，大分子可自由通过，使它的实际交换容量要比离子交换树脂大得多。二是它具有亲水性，对蛋白质等生物大分子物质吸附的不太牢，用较温和的洗脱条件就可达到分离的目的，因此不致引起生物大分子物质的变性和失活。三是它的回收率高。所以离子交换纤维素已成为非常重要的一类离子交换剂。

2）离子交换剂的处理和保存

离子交换剂使用前一般要进行处理。干粉状的离子交换剂首先要进行膨化，将干粉在水中充分溶胀，以使离子交换剂颗粒的孔隙增大，具有交换活性的电荷基团充分暴露出来。而后用水悬浮去除杂质和细小颗粒。再用酸碱分别浸泡，每一种试剂处理后要用水洗至中性，再用另一种试剂处理，最后再用水洗至中性，这是为了进一步去除杂质，并使离子交换剂带上需要的平衡离子。市售的离子交换剂中通常阳离子交换剂为 Na^+ 型（即平衡离子是 Na^+），阴离子交换剂为 Cl^- 型，因为通常这样比较稳定。处理时一般阳离子交换剂最后用碱处理，阴离子交换剂最后用酸处理。常用的酸是 HCl，碱是 NaOH 或再加一定的 NaCl，这样处理后阳离子交换剂为 Na^+ 型，阴离子交换剂为 Cl^- 型。使用的酸碱浓度一般小于 0.5mol/L，浸泡时间一般 30min。处理时应注意酸碱浓度不宜过高、处理时间不宜过长、温度不宜过高，以免离子交换剂被破坏。另外要注意的是离子交换剂使用前要排除气泡，否则会影响分离效果。

离子交换剂的再生是指对使用过的离子交换剂进行处理，使其恢复原来性状的过程。前面介绍的酸碱交替浸泡的处理方法就可以使离子交换剂再生。离子交换剂的转型是指离子交换剂由一种平衡离子转为另一种平衡离子的过程。例如，对阴离子交换剂用 HCl 处理可将其转为 Cl⁻ 型，用 NaOH 处理可转为 OH⁻ 型，用甲酸钠处理可转为甲酸型等。对离子交换剂的处理、再生和转型的目的是一致的，都是为了使离子交换剂带上所需的平衡离子。

前面已经介绍了，离子交换层析就是通过离子交换剂上的平衡离子与样品中的组分离子进行可逆的交换而实现分离的目的，因此在离子交换层析前要注意使离子交换剂带上合适的平衡离子，使平衡离子能与样品中的组分离子进行有效的交换。如果平衡离子与离子交换剂结合力过强，会造成组分离子难以与交换剂结合而使交换容量降低。另外还要保证平衡离子不对样品组分有明显影响。因为在分离过程中，平衡离子被置换到流动相中，它不能对样品组分有污染或破坏。例如，在制备纯水过程中用到的离子交换剂的平衡离子是 H⁺ 或 OH⁻，因为其他离子都会对纯水有污染。但是在分离蛋白质时，一般不能使用 H⁺ 或 OH⁻ 型离子交换剂，因为分离过程中 H⁺ 或 OH⁻ 被置换出来都会改变层析柱内 pH，影响分离效果，甚至引起蛋白质的变性。

离子交换剂保存时应首先洗净蛋白质等杂质，并加入适当的防腐剂，一般加入 0.02 ％的叠氮钠，4℃保存。

4.5.3　离子交换层析的基本操作

1）层析柱

离子交换层析要根据分离的样品量选择合适的层析柱，离子交换用的层析柱一般粗而短，不宜过长。直径和柱长比一般为（1∶10）～（1∶50），层析柱安装要垂直。装柱时要均匀平整，不能有气泡。

2）平衡缓冲液

离子交换层析的基本反应过程就是离子交换剂平衡离子与待分离物质、缓冲液中离子间的交换，所以在离子交换层析中平衡缓冲液和洗脱缓冲液的离子强度和 pH 的选择对于分离效果有很大的影响。

平衡缓冲液是指装柱后及上样后用于平衡离子交换柱的缓冲液。平衡缓冲液的离子强度和 pH 的选择首先要保证各个待分离物质，如蛋白质的稳定。其次是要使各个待分离物质与离子交换剂有适当的结合，并尽量使待分离样品和杂质与离子交换剂的结合有较大的差别。一般是使待分离样品与离子交换剂有较稳定的结合，而尽量使杂质不与离子交换剂结合或结合不稳定。在一些情况下（如污水处理）可以使杂质与离子交换剂有牢固地结合，而样品与离子交换剂结合不稳定，也可以达到分离的目的。另外注意平衡缓冲液中不能有与离子交换剂结合力强的离子，否则会大大降低交换容量，影响分离效果。选择合适的平衡缓冲液，直接就可以去除大量的杂质，并使得后面的洗脱有很好的效果；如果平衡缓冲液选择不合适，可能会对后面的洗脱带来困难，无法得到好的分离效果。

3）上样

离子交换层析上样时应注意样品液的离子强度和 pH，上样量也不宜过大，一般为柱床体积的 1%～5% 为宜，以使样品能吸附在层析柱的上层，得到较好的分离效果。

4）洗脱缓冲液

在离子交换层析中一般常用梯度洗脱，通常有改变离子强度和改变 pH 两种方式。改变离子强度通常是在洗脱过程中逐步增大离子强度，从而使与离子交换剂结合的各个组分被洗脱下来；改变 pH 的洗脱，对于阳离子交换剂一般是 pH 从低到高洗脱，阴离子交换剂一般是 pH 从高到低洗脱。由于 pH 可能对蛋白质的稳定性有较大的影响，故通常采用改变离子强度的梯度洗脱。梯度洗脱可以有线性梯度、凹形梯度、凸形梯度以及分级梯度等洗脱方式。一般线性梯度洗脱分离效果较好，故通常采用线性梯度进行洗脱。

洗脱液的选择首先也是要保证在整个洗脱液梯度范围内，所有待分离组分都是稳定的；其次是要使结合在离子交换剂上的所有待分离组分在洗脱液梯度范围内都能够被洗脱下来；另外可以使梯度范围尽量小一些，以提高分辨率。

5）洗脱速度

洗脱液的流速也会影响离子交换层析分离效果，洗脱速度通常要保持恒定。一般来说洗脱速度慢比快的分辨率要好，但洗脱速度过慢会造成分离时间长、样品扩散、谱峰变宽、分辨率降低等副作用，所以要根据实际情况选择合适的洗脱速度。如果洗脱峰相对集中某个区域造成重叠，则应适当缩小梯度范围或降低洗脱速度来提高分辨率；如果分辨率较好，但洗脱峰过宽，则可适当提高洗脱速度。

6）样品的浓缩、脱盐

离子交换层析得到的样品往往盐浓度较高，而且体积较大，样品浓度较低。所以一般离子交换层析得到的样品要进行浓缩、脱盐处理。

4.6　亲　和　层　析

亲和层析（affinity chromatography）是利用生物分子间专一的亲和力而进行分离的一种层析技术。20 世纪 60 年代末，溴化氰活化多糖凝胶并偶联蛋白质技术的出现，解决了配体固定化的问题，使得亲和层析技术得到了快速的发展。亲和层析是分离纯化蛋白质、酶等生物大分子最为特异而有效的层析技术，分离过程简单、快速，具有很高的分辨率，在生物分离中有广泛的应用。同时它也可以用于某些生物大分子结构和功能的研究。

生物分子间存在很多特异性的相互作用，如我们熟悉的抗原-抗体、酶-底物或抑制剂、激素-受体等，它们之间都能够专一而可逆的结合，这种结合力就称为亲和力。亲和层析的分离原理简单地说就是通过将具有亲和力的两个分子中一个固定在不溶性基质上，利用分子间亲和力的特异性和可逆性，对另一个分子进行分离纯化。被固定在基质上的分子称为配体，配体和基质是共价结合的，构成亲和层析的固定相，称为亲和吸附剂。亲和层析时首先选择与待分离的生物大分子有亲和力物质作为配体，如分离酶可以选择其底物类似物或竞争性抑制剂为配体，分离抗体可以选择抗原作为配体等。并将配体共价结合在适当的不溶性基质上，如常用的 Sepharose-4B 等。将制备的亲和吸附剂装柱平衡，当样品溶液通过亲和层析柱的时候，待分离的生物分子就与配体发生特异性的结合，从而留在固定相上；而其他杂质不能与配体结合，仍在流动相中，并随洗脱液流出，这样层析柱中就只有待分离的生物分子。通过适当的洗脱液将其从配体上洗脱下来，就得到了纯化的待分离物质。

一般层析都是利用各种分子间的理化特性的差异，如分子的吸附性质、分子大小、分子的带电性质等进行分离。由于很多生物大分子之间的这种差异较小，所以这些方法的分辨率往往不高。要分离纯化一种物质通常需要多种方法结合使用，这不仅使分离需要较多的操作步骤、较长的时间，而且使待分离物的回收率降低，也会影响待分离物质的活性。亲和层析是利用生物分子所具有的特异的生物学性质——亲和力来进行分离纯化的。由于亲和力具有高度的专一性，使得亲和层析的分辨率很高，是分离生物大分子的一种理想的层析方法。

4.6.1　亲和吸附剂

选择并制备合适的亲和吸附剂是亲和层析的关键步骤之一。它包括基质和配体的选择、基质的活化、配体与基质的偶联等。

4.6.1.1 基　　质

基质构成固定相的骨架，亲和层析的基质应该具有以下一些性质。

（1）具有较好的物理化学稳定性。在与配体偶联、层析过程中配体与待分离物结合以及洗脱时的 pH、离子强度等条件下，基质的性质都没有明显的改变。

（2）能够和配体稳定的结合。亲和层析的基质应具有较多的化学活性基团，通过一定的化学处理能够与配体稳定的共价结合，并且结合后不改变基质和配体的基本性质。

（3）基质的结构应是均匀的多孔网状结构。以使待分离的生物分子能够均匀、稳定地通过，并充分与配体结合。基质的孔径过小会增加基质的排阻效应，使待分离物与配体结合的概率下降，降低亲和层析的吸附容量。所以一般来说，多选择较大孔径的基质，以使待分离物有充分的空间与配体结合。

（4）基质本身与样品中的各个组分均没有明显的非特异性吸附，不影响配体与待分离物的结合。基质应具有较好的亲水性，以使生物分子易于靠近并与配体作用。

一般纤维素以及交联葡聚糖、琼脂糖、聚丙烯酰胺、多孔玻璃珠等用于凝胶排阻层析的凝胶都可以作为亲和层析的基质，其中以琼脂糖凝胶应用最为广泛。纤维素价格低，可利用的活性基团较多，但它对蛋白质等生物分子可能有明显的非特异性吸附作用，另外它的稳定性和均一性也较差。交联葡聚糖和聚丙烯酰胺的物理化学稳定性较好，但它们的孔径相对比较小，而且孔径的稳定性不好，在与配体偶联时稳定性可能会有较大的降低，不利待分离物与配体充分结合，只有大孔径型号凝胶可以用于亲和层析。多孔玻璃珠的特点是机械强度好，化学稳定性好，但它可利用的活性基团较少，对蛋白质等生物分子也有较强的吸附作用。琼脂糖凝胶则基本可以较好地满足上述 4 个条件，它具有非特异性吸附低、稳定性好、孔径均匀适当、宜于活化等优点，因此得到了广泛的应用，如 Pharmacia 公司的 Sepharose-4B、Sepharose-6B 是目前应用较多的基质。

4.6.1.2　基质的活化

基质的活化是指通过对基质进行一定的化学处理，使基质表面上的一些化学基团转变为易于和特定配体结合的活性基团。配体和基质的偶联，通常首先要进行基质的活化。

1）多糖基质的活化

前面已经介绍了，多糖尤其是琼脂糖是一种常用的基质。琼脂糖通常含有大量的羟基，通过一定的处理可以引入各种适宜的活性基团。琼脂糖的活化方法很多，下面介绍一些常用的活性基团及活化方法。

A. 溴化氰活化

溴化氰活化法是最常用的活化方法之一，活化过程主要是生成亚胺碳酸活性基团，它可以和伯氨基（NH_2）反应，主要生成异脲衍生物。

含有伯氨基的配体，如氨基酸、蛋白质都可以结合在基质上，对于蛋白质而言，最可能发生反应的基团是 N 端的 α-氨基和赖氨酸残基上的 ω-氨基。

溴化氰活化的基质可以在温和的条件下与配体结合，结合的配体量大。利用溴化氰活化的基质通过进一步处理还可以得到很多其他的衍生物。这种方法的缺点是溴化氰活化法的基质和配体偶联后生成的异脲衍生物中氨基的 pKa＝10.4，所以通常会带一定的正电荷，从而使基质可能有阴离子交换作用，增大了非特异性吸附，影响亲和层析的分辨率。另外溴化氰活化的基质与配体结合不够稳定，尤其是当与小配体结合时，可能会出现配体脱落现象。另外溴化氰有剧毒、易挥发，所以操作不便。通过实验条件的不断改进，这些缺点可以得到一定程度的控制。

B. 环氧乙烷基活化

这类方法活化后的基质都含有环氧乙烷基，如在含有 $NaBH_4$ 的碱性条件下，1,4-丁二醇-双缩水甘油醚的一个环氧乙烷基可以与羟基反应，而将另一个环氧乙烷基结合在基质上。另外也可以用环氧氯丙烷活化，将环氧乙烷基结合在基质上。由于活化后的基质都含有环氧乙基，可以结合含有伯氨基（NH_2）、羟基（—OH）和硫醇基（—SH）等基团的配体。

这种活化方法的优点是活化后不引入电荷基团，而且基质与配体形成的 N—C、O—C 和 S—C 键都很稳定，所以配体与基质结合紧密，亲和吸附剂使用寿命长，而且便于在亲和层析中使用较强烈的洗脱手段，另外这种处理方法没有溴化氰的毒性。它的缺点是用环氧乙基活化的基质在与配体偶联时需要碱性条件，pH 为 9～13，温度为 20～40℃。这样的条件对于一些比较敏感的配体可能不适用。

上面两种方法是比较常用的方法，另外还有很多种活化方法，如 N-羟基琥珀酰亚胺（NHS）活化、三嗪（triazine）活化、高碘酸盐（periodate）活化、羰酰二咪唑（carbonyldiimidazole）活化、2,4,6-三氟-5-氯吡啶（FCP）活化、乙二酸酰肼（adipic acid dihydrazide）活化、二乙烯砜（divinylsulfone）活化等。总之，目前对多糖基质的活化方法很多，各有其特点，应根据实际需要选择适当的活化方法。

2）聚丙烯酰胺的活化

聚丙烯酰胺凝胶有大量的甲酰胺基，可以通过对甲酰胺基的修饰而对聚丙烯酰胺凝胶进行活化。一般有以下三种方式：氨乙基化作用、肼解作用和碱解作用。另外在偶联蛋白质配体时也通常用戊二醛活化聚丙烯酰胺凝胶。

3）多孔玻璃珠的活化

对于多孔玻璃珠等无机凝胶的活化通常采用硅烷化试剂与玻璃反应生成烷基胺-玻璃，在多孔玻璃上引入氨基，再通过这些氨基进一步反应引入活性基团，与适当的配体偶联。

4.6.1.3　配　　体

根据配体对待分离物质的亲和性的不同，可以将其分为两类：特异性配体（specific ligand）和通用性配体（general ligand）。特异性配体一般是指只与单一或很少种类的蛋白质等生物大分子结合的配体，如生物素和亲和素、抗原和抗体、酶和它的抑制剂、激素-受体等。它们的结合都具有很高的特异性，用这些物质作为配体都属于特异性配体。配体的特异性是保证亲和层析高分辨率的重要因素，但寻找特异性配体一般是比较困难的，尤其对于一些性质不很了解的生物大分子，要找到合适的特异性配体通常需要大量的实验。解决这一问题的方法是使用通用性的配体。通用性配体一般是指特异性不是很强，能和某一类的蛋白质等生物大分子结合的配体，如各种凝集素（lectine）可以结合各种糖蛋白，核酸可以结合 RNA、结合 RNA 的蛋白质等。通用性配体对生物大分子的专一性虽然不如特异性配体，但通过选择合适的洗脱条件也可以得到很高的分辨率。而且这些配体还具有结构稳定、偶联率高、吸附容量高、易于洗脱、价格便宜等优点，所以在实验中得到了广泛的应用。

4.6.1.4　配体与基质的偶联

除了前面已经介绍的基质的一些活化基团外，通过对活化基质的进一步处理，还可以得到更多种类的活性基团。这些活性基团可以在较温和的条件下与含氨基、羧基、醛基、酮基、羟基、硫醇基等的多种配体反应，使配体偶联在基质上。另外通过碳二亚胺、戊二醛等双功能试剂的作用也可以使配体与基质偶联。以上这些方法使得几乎任何一种配体都可以找到适当的方法与基质偶联。关于配体和基质偶联的具体实验操作可以参阅本书后面的实验部分或相应的参考文献。

配体和基质偶联完毕后，必须要反复洗涤，以去除未偶联的配体。另外要用适当的方法封闭基质中未偶联上配体的活性基团，也就是使基质失活，以免影响后面的亲和层析分离。例如，对于能结合氨基的活性基团，常用的方法是用 2-乙醇胺、氨基乙烷等小分子处理。配体与基质偶联后，通常要测定配体的结合量以了解其与基质的偶联情况，同时也可以推断亲和层析过程中待分离的生物大分子吸附容量。配体结合量通常是用每毫升或每克基质结合的配体的量来表示。

目前已有多种活化的基质以及偶联各种配体的亲和吸附剂制成商品出售，可以省去基质活化、配体偶联等复杂的步骤，使用方便，效果好，但一般价格昂贵。

4.6.1.5　亲和吸附剂的再生和保存

亲和吸附剂的再生就是指使用过的亲和吸附剂，通过适当的方法使去除吸附在其基质和配体（主要是配体）上的杂质，使亲和吸附剂恢复亲和吸附能力。一般情况下，使用过的亲和层析柱，用大量的洗脱液或较高浓度的盐溶液洗涤，再用平衡液重新平衡即可再次使用。但在一些情况下，尤其是当待分离样品组分比较复杂的时候，亲和吸附剂可能会产生较严重的不可逆吸附，使亲和吸附剂的吸附效率明显下降。这时需要使用一些比较强烈的处理手段，使用高浓度的盐溶液、尿素等变性剂或加入适当的非专一性蛋白酶。但如果配体是蛋白质等一些易于变性的物质，则应注意处理时不能改变配体的活性。

亲和吸附剂的保存一般是加入 0.01% 的叠氮化钠，4℃ 下保存。也可以加入 0.5% 的乙酸洗必泰（又名乙酸氯己定）或 0.05% 的苯甲酸。应注意不要使亲和吸附剂冰冻。

4.6.2　亲和层析的基本操作

亲和吸附剂选择制备后，亲和层析的其他操作与一般的柱层析基本类似。

1）上样

亲和层析纯化生物大分子通常采用柱层析的方法。亲和层析柱一般很短，通常 10cm 左右。上样时应注意选择适当的条件，包括上样流速、缓冲液种类、pH、离子强度、温度等，以使待分离的物质能够充分结合在亲和吸附剂上。

一般生物大分子和配体之间达到平衡的速度很慢，所以样品液的浓度不宜过高，上样时流速应比较慢，以保证样品和亲和吸附剂有充分的接触时间进行吸附。特别是当配体和待分离的生物大分子的亲和力比较小或样品浓度较高、杂质较多时，可以在上样后停止流动，让样品在层析柱中反应一段时间，或者将上样后流出液进行二次上样，以增加吸附量。样品缓冲液的选择也是要使待分离的生物大分子与配体有较强的亲和力。另外样品缓冲液一般应具有一定的离子强度，以减小基质、配体与样品其他组分之间的非特异性吸附。

生物分子间的亲和力是受温度影响的，通常亲和力随温度的升高而下降。所以在上样时可以选择适当较低的温度，使待分离的物质与配体有较大的亲和力，能够充分的结合；而在后面的洗脱过程可以选择适当较高的温度，使待分离的物质与配体的亲和力下降，以便于将待分离的物质从配体上洗脱下来。

上样后用平衡洗脱液洗去未吸附在亲和吸附剂上的杂质。平衡缓冲液的流速可以快一些，但如果待分离物质与配体结合较弱，平衡缓冲液的流速还是较慢为宜。如果存在较强的非特异性吸附，可以用适当较高离子强度的平衡缓冲液进行洗涤，但应注意平衡缓冲液不应对待分离物质与配体的结合有明显影响，以免将待分离物质同时洗下。

2）洗脱

亲和层析的另一个重要的步骤就是要选择合适的条件使待分离物质与配体分开而被洗脱出来。亲和层析的洗脱方法可以分为两种：特异性洗脱和非特异性洗脱。

A. 特异性洗脱

特异性洗脱是指利用洗脱液中的物质与待分离物质或与配体的亲和特性而将待分离物质从亲和吸附剂上洗脱下来。

特异性洗脱也可以分为两种：一种是选择与配体有亲和力的物质进行洗脱，另一种是选择与待分离物质有亲和力的物质进行洗脱。前者在洗脱时，选择一种和配体亲和力较强的物质加入洗脱液中，这种物质与待分离物质竞争与配体的结合，在适当的条件下，如果这种物质与配体的亲和力强或浓度较大，配体就会基本被这种物质占据，原来与配体结合的待分离物质被取代而脱离配体，从而被洗脱下来。例如，用凝集素作为配体分离糖蛋白时，可以用适当的单糖洗脱，单糖与糖蛋白竞争对凝集素的结合，可以将糖蛋白从凝集素上置换下来。后一种方法洗脱时，选择一种与待分离物质有较强亲和力的物质加入洗脱液中，这种物质与配体竞争对待分离物质的结合，在适当的条件下，如果这种物质与待分离物质的亲和力强或浓度较大，待分离物质就会基本被这种物质结合而脱离配体，从而被洗脱下来。例如，用染料作为配体分离脱氢酶时，可以选择 NAD^+ 进行洗脱，NAD^+ 是脱氢酶的辅酶，它与脱氢酶的亲和力要强于染料，所以脱氢酶就会与 NAD^+ 结合而从配体上脱离。特异性洗脱方法的优点是特异性强，可以进一步消除非特异性吸附的影响，从而得到较高的分辨率。另外对于待分离物质与配体亲和力很强的情况，使用非特异性洗脱方法需要较强烈的洗脱条件，很可能使蛋白质等生物大分子变性，有时甚至只能使待分离的生物大分子变性才能够洗脱下来，使用特异性洗脱则可以避免这种情况。由于亲和吸附达到平衡比较慢，所以特异性洗脱往往需要较长的时间和较大的洗脱体积，可以通过适当的改变其他条件，如选择亲和力强的物质洗脱、加大洗脱液浓度等，来缩小洗脱时间和洗脱体积。

B. 非特异性洗脱

非特异性洗脱是指通过改变洗脱缓冲液 pH、离子强度、温度等条件，降低待分离物质与配体的亲和力而将待分离物质洗脱下来。

当待分离物质与配体亲和力较小时，一般通过连续大体积平衡缓冲液冲洗，就可以在杂质之后将待分离物质洗脱下来，这种洗脱方式简单、条件温和，不会影响待分离物质的活性。但洗脱体积一般比较大，得到的待分离物质浓度较低。当待分离物质和配体结合较强时，可以通过选择适当的 pH、离子强度等条件降低待分离物质与配体的亲和力，具体的条件需要在实验中摸索。可以选择梯度洗脱方式，这样可能将亲和力不同的物质分开。如果希望得到较高浓度的待分离物质，可以选择酸性或碱性洗脱液，或较高的离子强度一次快速洗脱，这样在较小的洗脱体积内就能将待分离物质洗脱出来。但选择洗脱液的 pH、离子强度时应注意尽量不影响待分离物质的活性，而且洗脱后应注意中和酸碱，透析去除离子，以免待分离物质丧失活性。对于待分离物质与配体结合非常牢固时，可以使用较强的酸、碱或在洗脱液中加入脲、胍等变性剂使蛋白质等待分离物质变性，而从配体上解离出来，然后再通过适当的方法使待分离物质恢复活性。

5 电泳分离技术

带电颗粒在电场作用下向与其电性相反的电极移动,称为电泳(electrophoresis,EP)。

5.1 电泳基本原理

5.1.1 电荷的来源

任何物质由于其本身的解离作用或表面上吸附其他带电质点,在电场中便会向一定的电极移动。作为带电颗粒可以是小的离子,也可以是生物大分子(蛋白质、核酸)、病毒颗粒和细胞器等。因蛋白质分子是由氨基酸组成的,而氨基酸带有可解离的氨基(—NH_3^+)和羧基(—COO^-),是典型的两性电解质,在一定的 pH 条件下会解离带上电荷。所带电荷的性质和多少取决于蛋白质分子的性质、溶液的 pH 和离子强度。在某一 pH 条件下,蛋白质分子所带的正电荷数恰好等于负电荷数,即净电荷等于零,此时蛋白质质点在电场中不移动,溶液的这一 pH,称为该蛋白质的等电点(pI)。如果溶液的 pH>pI,则蛋白质分子会解离出 H^+ 而带负电,此时蛋白质分子在电场中向正极移动。如果溶液的 pH<pI,则蛋白质分子带正电,此时蛋白质分子在电场中向负极移动。

5.1.2 迁 移 率

设一带电粒子在电场中所受的力为 F,F 的大小取决于粒子所带电荷 Q 和电场强度 E,即

$$F = QE$$

又按 Stoke 定律,一球形的粒子运动时所受到的阻力 F',与粒子运动的速度 v、粒子的半径 r、介质的黏度 η 的关系为

$$F' = 6\pi r\eta v$$

当电泳达到平衡,带电粒子在电场做匀速运动时,则

$$F = F'$$

即

$$QE = 6\pi r\eta v$$

移项得：

$$\nu/E = Q/6\pi r\eta\nu$$

ν/E 表示单位电场强度时粒子运动的速度，称为迁移率（mobility），也称为泳动度，以 U 表示，即

$$U = \nu/E = Q/6\pi r\eta\nu$$

由上式可见粒子的迁移率在一定条件下取决于粒子本身的性质，即其所带电荷量及其大小和形状。不同的粒子，如两种蛋白质分子，一般有不同的迁称率。因此，电泳一定时间就可以将两者分开。

5.1.3　影响电泳速度的因素

电泳速度与电泳迁移率是两个不同的概念，电泳速度是指单位时间内移动距离（cm/t），而迁移率是指单位电场强度下的电泳速度 $[cm^2/(\nu \cdot t)]$。但二者又是密切相关的，电泳速度越大，迁移率也越大。影响电泳速度的因素有以下几种。

1）样品

被分离的样品带电荷量多少和电泳速度的关系呈正比。带电荷量多，电泳速度快，反之则慢。此外，待分离的物质若带电荷量相同，分子质量大的电泳速度慢，分子质量小的则电泳速度快，故分子质量大小与电泳速度呈反比。球形分子的电泳速度要比纤维状的快。

2）电场强度

电场强度是每厘米的电位降。例如，支持体为滤纸时，纸的两端分别浸入电极溶液中，电极缓冲液与纸的交界面间的长度为 20cm，测得电位降为 200V，则纸上电场强度为 10V/cm。电场强度越高，带电质点移动速度也越快。根据电场强度的大小，可将电泳技术分为常压电泳（100～500V）和高压电泳（500～1000V），前者电场强度一般为 2～20V/cm，后者为 20～100V/cm。常压电泳分离时间长，需数小时到数天；高压电泳分离时间短，有时仅需数分钟。根据需要，人们也可将常压电泳滤纸两端的距离缩短，如使用 5cm 长的距离，外加电压仍用 200V，则电场强度为 40V/cm，电流速度加快。常压纸上电泳常用于蛋白质等大分子物质的分离；高压纸电泳则多用于分离氨基酸、多肽、核苷酸、糖类等电荷量较小的小分子物质。

3）缓冲液

缓冲液能使电泳支持介质保持稳定的 pH，并通过它的组成成分和浓度等因素影响着化合物的迁移率。

（1）pH。溶液的 pH 决定物质解离程度，即决定该物质带净电荷的多少。对蛋白质、氨基酸等两性电解质来说，缓冲液的 pH 距 pI 越远，质点所带净电荷越多，电泳速度也越快；反之则越慢。因此，当分离蛋白质混合液时，应选择一个合适的 pH，使各种蛋白质所带净电荷的量差异增大，以利于它们的分离。通常血清蛋白电泳时，采用 pH8.6 的缓冲液，pH 大于血清中各种蛋白质的等电点，所有蛋白质均带负电荷，故向正极移动。一般常用的电泳的缓冲液 pH 范围为4.5～9.0。

（2）成分。通常采用的是甲酸盐、乙酸盐、柠檬盐、磷酸盐、巴比妥盐和三羟甲基氨基甲烷–乙二胺基四乙酸缓冲液等。要求缓冲液的性能稳定，不易电解。血清蛋白质分离时最常用的是巴比妥–巴比妥钠组成的缓冲液。硼酸盐缓冲液常用于碳水化合物的分离，因为它们能和碳水化合物结合产生带电的复合物。

（3）浓度。缓冲液的浓度可用摩尔或离子强度（$I = 1/2 \sum CZ^2$）表示。离子强度增加，缓冲液所载的分电流也随之增加，样品所载的电流则降低，因此，样品的电泳速度减慢。但要注意的是离子强度增加使电泳时的总电流和产热也增加，对电泳不利。在低离子强度时缓冲液所载的电流下降，样品所载的电流增加，因此加快了样品的电泳速度；低离子强度的缓冲液降低了总电流，结果减少了热量的产生。但是带电物质在支持介质上的扩散较为严重，使分辨率明显降低。所以对缓冲液离子强度的选择，必须二者兼顾，一般是 0.02～0.2mol/L。

4）支持介质

对支持介质的要求是应具较大惰性的材料，且不与待分离的样品或缓冲液起化学反应。此外，还要求具有一定的坚韧度，不易断裂，容易保存。由于各种介质的精确结构对一种被分离物的移动速度有很大影响，所以对支持介质的选择应取决于被分离物质的类型。

（1）吸附。支持介质的表面对被分离物质具有吸附作用，使分离物质滞留而降低电泳速度，会出现样品的拖尾。由于对各种物质吸附力不同，因而降低了分离的分辨率。滤纸的吸附作用最大，醋酸纤维素薄膜的吸附作用较小，琼脂糖和聚丙烯酰胺凝胶的吸附作用更小。

（2）电渗。在电场中，液体对固体的相对移动称为电渗，它是由缓冲液的水分子和支持介质的表面之间所产生的一种相关电荷所引起的。水是极性分子，如果滤纸中含的羟基使表面带负电荷，与表面接触的水溶液则带正电荷，溶液向负极移动。由于电渗现象与电泳同时存在，所以电泳时分离物质的电泳速度也受电渗的影响。例如，血清蛋白低压电泳，在巴比妥盐缓冲液 pH＝8.6、离子强度 I＝0.06 的条件下进行，蛋白质的移动方向与电渗现象的水溶液移动方向相反，蛋白质电泳泳动的距离等于电泳泳动距离减去电渗的距离，使电泳速度减慢。如果二者移动方向相同，蛋白质泳动距离是二者之和，则电泳速度加快。用琼脂凝胶作为支持介质，因琼脂中含有较多的硫酸根，固体表面带较多负电荷，电渗现象明显。在 pH8.6 的条件下电泳，许多球蛋白均向负极移动，因电渗移动的距离大于电泳距离，这个原理是对流免疫电泳的理论基础。

电渗现象可用不带电的有色颜料或用有色的葡聚糖点在支持介质的两端中间，经电泳后可观察电渗作用对这些物质的移动方向和距离。

（3）分子筛效应。有些支持介质，如聚丙烯酰胺凝胶是多孔的，带电粒子在多孔的介质中泳动时受到多孔介质孔径的影响。一般来说，大分子在泳动过程中受到的阻力大，小分子在泳动过程中受到的阻力小，有利于混合物的分离。

5）温度对电泳的影响

电泳时电流通过支持介质可以产生热量，按焦耳定律，电流通过导体时的产热与电流强度的平方、导体的电阻和通电的时间成正比（$Q＝I^2Rt$）。产生热量对电泳技术是不利的，因为产热可促使支持介质上溶剂的蒸发，而影响缓冲溶液的离子强度。若产热温度过高可导致待分离样品变性而使电泳失败。温度升高时，介质黏度下降，分子运动加剧，引起自由扩散变快，迁移增加。温度每升高1℃，迁移率约增加 2.4％。为降低热效应对电泳的影响，可控制电压或电流，也可在电泳系统中安装冷却散热装置。对高压电泳增设冷却系统，以防样品在电泳时变性。

5.2　电泳的分类

5.2.1　按分离原理分类

电泳按分离原理可分为区带电泳、移界电泳、等速电泳和等电聚焦电泳4 种。

（1）区带电泳。电泳过程中，不同的离子成分在均一的缓冲液体系中分离成独立的区带，这是当前应用最广泛的电泳技术。

（2）移界电泳。是 Tiselius 最早建立的电泳，它是在 U 形管中进行的，由于分离效果较差，已被其他电泳技术所取代。

（3）等速电泳。需专用电泳仪，当电泳达到平衡后，各区带相互分成清晰的界面，并以等速移动。

（4）等电聚焦电泳。由于具有不同等电点的两性电解质载体在电场中自动形成 pH 梯度，使待分离物移动至各自等电点的 pH 处聚集成很窄的区带，且分辨率较高。从表面看与区带电泳相似，但原理不同。

5.2.2　按有无固体支持物分类

根据电泳是在溶液还是在固体支持物中进行，可分为自由电泳和支持物电泳两大类。

（1）自由电泳可分为：①显微电泳（也称细胞电泳），是在显微镜下观察细胞或细菌的电泳行为；②移界电泳；③柱电泳，是在层析柱中进行，可利用密度梯度的差别使分离的区带不再混合，如再配合 pH 梯度，则为等电聚焦柱电泳。

（2）支持物电泳，其支持物是多种多样的，也是目前应用最多的一种方法。根据支持物的特点又可分为：①无阻滞支持物，如滤纸、醋酸纤维素薄膜、纤维素粉、淀粉、玻璃粉、聚丙烯酰胺粉末和凝胶颗粒等；②高密度的凝胶，如淀粉凝胶，聚丙烯酰胺凝胶、琼脂或琼脂糖凝胶。

电泳槽的形式也是多种多样的，有垂直的、水平的、柱状的、毛细管的。由此可见电泳种类很多，电泳的原理基本相同，但不同的支持物或凝胶又有各自的特点。

第二部分　生物工程下游技术学生实验

第一章 生物工程下游技术常见仪器设备的使用

实验一 管式离心机在发酵菌液分离中的应用

一、实验目的

学习运用管式离心机进行发酵液的液固分离。

二、实验原理

待处理发酵悬浮液在一定压力下由进料管经底部空心轴的喷嘴进入转鼓,靠挡板分布于鼓的四周,悬浮液在鼓内由挡板被加速到转鼓速度(21 000r/min),因受离心力的作用被甩往鼓壁,但由于悬浮液中的颗粒和菌体(重相)具有比轻液(水)较大的密度,因而获得较大的离心力,故集中在外层,轻液相对地往内层移动并形成轻液层,经上方环状溢流口排出,从而达到液固分离的目的。

三、实验器材及原料

(1)GQ-75B 型管式离心机;
(2)枯草芽孢杆菌发酵液。

四、实验步骤

(1)接通分离机的电机运转电源,等待约 80s,转鼓即可达到工作转速。

(2)机器全速后,方可打开进料阀门,先把阀门开小,待澄清的液体流出集液盘的接嘴后,将阀门开到一定的流量(根据发酵液的特性),进行液体的澄清,在分离过程中最好不要中途停止加料。

(3)分离操作中,观察出液流量是否正常,观察澄清度是否满足要求,待到出液口的液体变混时,停机排渣。

(4)停机前必须先关进料阀门,等到集液盘不流液体时,方可停机。停机方法:断开电源,自由停机。

(5)排渣:取下转鼓带上保护帽,放在固定架上,用专用扳手拆开转鼓的底轴,用拉钩取出三翼板。用刮板、铲子将转鼓内的沉渣及固相物清除,并清洗干净。

（6）装配：三翼板装入转鼓内，注意将三翼板扒至转鼓的顶部（并将其定位标记与转鼓定位标记对正），旋上底轴用底轴扳手将底轴定位，使底轴上的标记靠近转鼓上对位标记。

五、思　考　题

管式离心机有哪些结构？在液固分离操作时需注意哪些问题（图 2-1-1）？

图 2-1-1　管式离心机

实验二　连续流超高压冷冻细胞破碎机 在生物工程中的应用

一、实　验　目　的

学习运用连续流超高压冷冻细胞破碎机对微生物细胞进行破碎处理，以获得热敏性的胞内生物活性物质。

二、实　验　原　理

连续流超高压冷冻细胞破碎机主要用于制药、生物工程、化妆品、精细化工等行业以及科学研究领域中的细胞破碎、颗粒纳米化、均质、乳化。

破碎原理见图 2-1-2：物料样品被压缩到均质阀内积聚了极高的能量，通过限流的缝隙时的瞬间由超高压至常压，产生高能释放引起空穴爆破、剪切、碰撞致使细胞壁破碎，达到细胞破碎的效果。样品破碎的全过程在低温循环冷却水浴中进行，大大降低了温度对生物活性物质的影响。

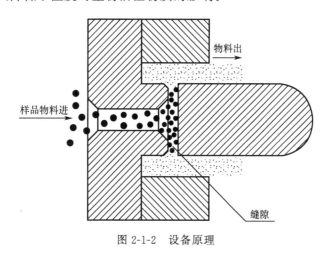

图 2-1-2　设备原理

三、实验器材及原料

（1）SI5000 型超高压细胞破碎机；

（2）冷水机；

（3）油泵；

（4）基因工程菌大肠杆菌发酵液。

四、实　验　步　骤

整套机器设备安装完毕后（图 2-1-3），检查各系统连接是否正确（油管、水管、电源、电路），观察物料样品是否通过透明胶管进入主机进口，检查冷却循环水是否正常运转流通，然后操作相关按钮（图 2-1-4），使主机正常工作。具体步骤参阅图 2-1-5 进行。

（1）接通总电源，整机通电。

（2）按"系统""开"按钮（绿色），油泵启动，供油压力输入主附油缸。

（3）按"工作""开"按钮，机器正常运转（往复运动），样品被压入高压缸中，经破碎阀流入出口容器中（无高压状态）。

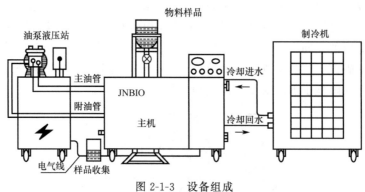

图 2-1-3　设备组成

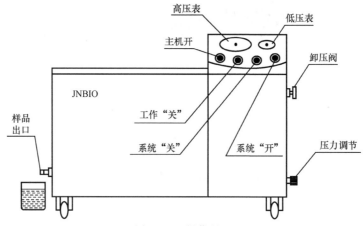

图 2-1-4　操作界面

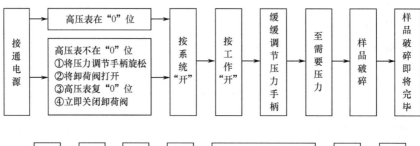

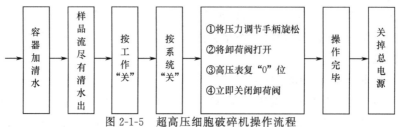

图 2-1-5　超高压细胞破碎机操作流程

需要低温时，提前开启冷却系统

（4）调节压力调节手柄（顺时针缓慢调节），使低压表、高压表压力同步上升，根据物料样品的种类，缓慢调节所需的破碎压力（200MPa 以下），经破碎阀破碎后的样品沿管路在循环冷却水浴中冷却后流入样品出口容器中，样品破碎完成（可进行多次破碎）。注：重新调节压力前，先应打开卸压阀门卸压（卸压阀打开后应立即关闭）。

（5）破碎完成后，按"工作""关"按钮，机器停止往复运动，再按"系统""关"按钮，液压站停止工作，整机停机，旋松压力调节手柄，打开卸荷阀卸荷使压力表复"0"位，并立即关闭卸荷阀，关闭电源。

五、思　考　题

连续流超高压冷冻细胞破碎机系统由哪几部分组成？其工作原理是什么？操作中有哪些事项需要注意？

实验三　板框压滤机在发酵菌液分离中的应用

一、实　验　目　的

学习运用板框压滤机进行发酵液的液固分离。

二、实　验　原　理

膜式充气压滤机为板框压滤机的一种，是厢式带隔膜、滤室可变的充气加压过滤机械（也称带充气隔膜的厢式或板式压滤机）。该机广泛应用于制药、环保、食品、酿造及化工等行业，对抗生素发酵液、酶制剂发酵液、酒、酱油、甘油等物料进行过滤和压榨处理。

该机工作原理如图 2-1-6 所示：先用液压机或手动千斤顶活塞杆推动活动封头前进，压紧滤板和压板，与固定封头形成一个密闭的过滤容器。把待过滤物料经滤板上部的暗通道输入这个容器的各个滤室内，固体即被滤布截留，液体则穿过滤布顺滤板及橡胶膜的沟槽流进流液孔排出。进料完毕后，再由固定封头下部的进气孔通入压缩空气，迫使压板及封头上的橡胶膜鼓起，从而进一步挤压出滤饼中残存的液体，达到强制过滤的效果。

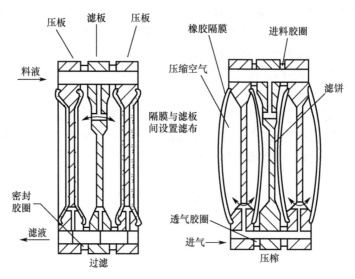

图 2-1-6　膜式充气压滤机工作原理

三、实验器材及原料

（1）XAG8/Φ630-U 膜式充气压滤机；

（2）万隆霉素发酵液。

四、实　验　步　骤

（1）顶紧：顶紧压力以进料时不喷料为准（一般新橡胶膜为 3.5MPa，老橡胶膜为 5MPa）。

（2）进料：先关闭压滤机固定封头一侧的残料排出阀和活动封头上部的残料吹出阀，打开固定封头上的进料阀和活动封头下部的排气阀。用压缩空气将储料罐中的物料压送到压滤机内。开始压力为 0.05～0.1MPa，大约 20min 后，当滤液流出速率降低时，可逐步增加进料压力。但最大进料压力不得超出规定值（该设备最大进料压力为 0.4MPa）。

（3）压滤：当滤液量逐渐减少到一定时，关闭进料阀和排气阀，逐渐打开进气阀通入压缩空气，迫使橡胶膜鼓起，进一步将滤液挤压出来，最大充气压力不得超过规定值（该设备最大充气压力为 0.6MPa）。充气一定时间后，关闭进气阀。

（4）卸滤饼：当滤液出净后，先打开残料排出阀，再打开残料吹出阀，利用机体内的余气吹出进料通道中的残存物料,并用容器收集;打开排气阀,将机体内压缩空气排尽;启动千斤顶将活动封头退回,并逐一拉开过滤板,卸除滤饼。

五、思 考 题

膜式充气压滤机由哪些结构组成?

简述膜式充气压滤机的主要技术参数和操作时需注意事项。

膜式充气压滤机能否处理细菌类的发酵液,为什么?

实验四　陶瓷微滤膜在发酵菌液浓缩中的应用

一、实 验 目 的

学习运用陶瓷微滤膜过滤菌体或除去液体中的微粒。

二、实 验 原 理

陶瓷微滤膜广泛应用于生物化工、医药和食品工业等领域,如发酵液的净化、细菌菌液的浓缩、植物中药提取、矿泉水生产及酒、饮料、调味品、果汁过滤等。

陶瓷微滤膜在过滤时原料液从原料罐中由泵输送到换热器后,再进入膜组件处理,小分子物质或液体透过膜进入到渗透侧,进入清液罐;大分子物质或固体被膜截留回流到原料罐。当液体在膜面流动时,由于膜的内外存在压差,溶解性的物质或粒径小于膜孔径的物质便可透过膜,而粒径大于膜孔径的物质便被截留,这样随着滤液不断流出,截留物的含量便越来越高,最终达到分离、浓缩、纯化的目的。图 2-1-7 为常见的陶瓷膜外观及截面图。

三、实 验 器 材 及 原 料

(1) SJM-FHM-02 陶瓷微滤膜;

(2) 枯草芽孢杆菌液。

四、实 验 步 骤

(1) 检查管路,把所有阀门关闭。

(2) 过滤。先将原料加入到原料罐(原料要经过 120 目筛网过滤,以防颗粒

陶瓷膜

图 2-1-7　陶瓷膜组件

杂质进入循环系统堵塞膜管通道），打开阀门 D01、D02、J01，开启循环泵，打开膜组件上部的放空阀 D16 至放空管稳定流出液体，关闭放空阀，打开渗透侧阀门 D07，待系统正常运行后，在 V01 取样阀取样，合格后开启阀 D08，将清液送至清液罐。过滤操作过程中膜的平均压差可由阀门 J01 控制，但一般在小范围内调节（0.5bar 以内）。

（3）清洗。①纯水漂洗：将纯水加入清洗罐，打开阀门 D05（或 D06）、D02、J01，关闭其余阀门，打开 D16 排气，开启循环泵，循环清洗两三次，最后排尽冲洗水，关闭所有阀门；②酸洗或碱洗：在清洗罐中配制酸溶液，配方（体积比）：100kg 纯水＋0.03g 次氯酸钠（纯 100％）＋0.003～0.0045g 硝酸（100％）〔或 100kg 纯水＋333ml 次氯酸钠（纯 9％）＋43.5～65ml 硝酸（69％）〕，即硝酸体积是次氯酸钠体积的 10％～15％，并调节 pH 为 5～6 最佳；在清洗罐中配制碱溶液，配方（体积比）：100kg 纯水＋100g 左右氢氧化钠。参照纯水循环方法清洗，一般清洗 30～60min，温度 45～60℃，再用纯水反复冲洗至渗透侧流出的水呈中性，排放。

五、思　考　题

陶瓷微滤膜作为一种无机膜与一般的有机膜相比有何特点？陶瓷微滤膜在应用时需注意哪些事项？

实验五　超滤膜在蛋白质浓缩中的应用

一、实验目的

学习运用超滤膜对蛋白质或其他生物大分子进行浓缩处理。

二、实验原理

　　超滤膜广泛应用于生物化工、医药和食品工业等领域，如蛋白质类药物（单克隆抗体、干扰素、疫苗等）、多肽类、多糖以及工业酶（如蛋白酶，淀粉酶）。

　　超滤膜技术是以外界能量或化学位差为推动力，对双组分或多组分的溶液进行分离、分级、提纯和浓缩的方法。膜分离过程是以超滤膜为分离介质，在膜两侧存在某种推动力（如压力差、浓度差）时，原料液组分选择性地透过膜，以达到分离、提取、纯化、浓缩的目的。图 2-1-8 为常见超滤膜元件。

图 2-1-8　超滤膜元件和组件

三、实验器材及原料

（1）SJM-DGN 多功能膜系统；

（2）木聚糖酶发酵后上清液。

四、实验步骤

（1）检查管路，把所有阀门关闭。

（2）膜分离。先将原料加入到原料罐，打开阀门 D01 或 D02、D05、Q03、Q04、Q06、Q09、D06、D10（或 D11）、D12（或 D13）、J01，其余阀门关闭。

开启辅泵，平稳后再开启主泵。通过调节阀 J01 的开启度来控制膜组件进口压力及流量；渗透液通过阀门 D06、D07、D08、D09 流入排放总管。当原料液浓缩至符合要求时，打开阀门 D15，调节各出口流量，浓缩液便排放到下一工序。及时进行膜清洗。工作结束，停机顺序为先主泵再辅泵，通过排放阀 Q05、Q13、D14，排放系统废液。

（3）清洗。①纯水漂洗：将纯水加入清洗罐，打开阀门 D01 或 D02、D03、Q16、Q14、Q01、Q06、Q09、D06、J01、D10（或 D11）、D12（或 D13），关闭其余阀门，开启辅泵冲洗，最后排尽冲洗水，关闭所有阀门；②酸洗或碱洗：在清洗罐中配制 1% 柠檬酸溶液；在清洗罐中配制碱溶液，配方（质量比）：100kg 纯水＋500g 多聚磷酸钠（即 0.5%）＋100g EDTA（即 0.1%）＋适当氢氧化钠调节 pH 到 10.5；参照纯水清洗方法清洗，一般清洗 30～60min，温度 30～40℃；③再用纯水反复冲洗至渗透侧流出的水呈中性，排放。

五、思 考 题

膜技术在生物提取中的应用有何特点？超滤膜在应用时需注意哪些事项？膜组件如何保养？

实验六　蛋白质的真空浓缩

一、实 验 目 的

（1）了解各种物质的浓缩原理，熟练掌握浓缩的一般过程、常用浓缩技术的操作方法。

（2）通过实验操作学会使用真空旋转蒸发仪，掌握真空浓缩的原理及方法。分析试验现象，并能运用文字表达技术报告。

二、实 验 原 理

蒸发浓缩是生产中使用最广泛的浓缩方法，采用浓缩设备把物料加热，使物料的易挥发部分及水分在其沸点温度时不断地由液态变为气态，并将汽化时所产生的二次蒸汽不断排除，从而使制品的浓度不断提高，直至达到浓度要求。

真空浓缩设备是利用真空蒸发机或机械分离等方法达到物料浓缩。目前，为了提高浓缩产品的质量，广泛采用真空浓缩，即一般在 8～18kPa 低压状态下，以蒸汽间接加热方式，对料液加热，使其在低温下沸腾蒸发，这样物料温度低，且加热所用蒸汽与沸腾液料的温差增大，在相同传热条件下，比常压蒸发时的蒸发速率高，可减少液料营养的损失，并可利用低压蒸汽作蒸发热源。一般热敏性高的物质，都采用此方法来进行浓缩。

真空蒸发浓缩是浓缩蛋白质的一种较好的方法，它既使蛋白质不易变性，又保持蛋白质中固有的成分。

三、试剂与仪器

真空旋转蒸发仪是应用真空负压条件下，恒温加热、薄膜蒸发的原理研制而成。仪器采用变频器控制，无级调速使玻璃旋转瓶恒速旋转，物料在瓶壁形成大面积均匀薄膜，再由可控恒温水浴锅对旋转瓶均匀加热，在系统抽真空条件下高速蒸发，溶剂蒸汽经高效玻璃双冷凝器冷却，回收于收集瓶。仪器另设有加料接口及放料接口，便于蒸发过程中自动、连续工作。

四、实 验 操 作

1. 大豆蛋白液制备

（1）取一定量低变性脱脂大豆粕，先经锤片式粉碎机粉碎，然后过 100 目筛，将过筛的豆粉装入酸洗罐（玻璃缸）中，按 1：8（W/V）加入 40℃的热水，搅拌均匀后加入盐酸调节 pH 为 1.2～1.6，同时加入 2％焦亚硫酸钠漂白剂和适量消泡剂，酸洗 60min。洗涤完毕后，用泥浆泵将酸洗罐内的物料泵入卧式螺旋卸料离心机进行离心分离。

（2）将水浴锅加水，设定温度（40℃），然后打开电源加热，加热好的热水备用。

（3）分离后弃去上清液，收集凝乳状的沉淀，将分离出的酸洗凝乳装入水洗罐（玻璃缸），加入 8 倍体积温度为 40℃的热水搅拌。调节 pH 至 4.2～4.6，水洗 60min，洗涤完毕，用泥浆泵将水洗罐内的物料泵入卧式螺旋沉降分离机进行离心分离。

（4）将分离出的凝乳在解碎机中解碎。然后送入中和罐（大烧杯）中，罐的夹套内通入冷却水（大烧杯放入冰水中），使物料温度降至 28℃。加入氢氧化钠溶液，调节物料的 pH 至 7.2，中和浆液。

（5）将综合蛋白质浆液从入料口放入真空旋转蒸发仪。

2. 设备操作

（1）首先在加热盆中加入加热介质（蛋白质），接通冷却水。

（2）接通电源，将待浓缩物料加入蒸发瓶中，旋紧蒸发瓶。

（3）打开自动升降开关，使蒸发瓶进入加热盆中。

（4）打开真空泵开关，抽真空至一定真空度。

（5）打开加热盆开关，缓慢升温至物料沸腾，直至浓缩完成。

（6）如在蒸发过程中需要补料，可通过自动进料管直接进料。

（7）蒸发完毕后，提起升降台，关闭真空泵、冷却水、加热盆开关，切断电源。

（8）破真空后，方可取下蒸发瓶，倒出浓缩好的物料。

（9）最后倒出加热介质，对仪器及玻璃容器进行清洗。

五、实验结果与分析

（1）计算上述实验的浓缩比及浓缩效率

（2）真空浓缩过程中，温度的影响如何？

六、注 意 事 项

（1）玻璃容器只能用洗涤剂清洗，不能用去污粉和洗衣粉，防止划伤瓶壁。

（2）当突然停电而又要提起升降台时，可用手动升降按钮。

（3）升温速度一定要慢，尤其是在浓缩易挥发物料时。

实验七　真空冷冻干燥机在生物制品生产中的应用

一、实 验 目 的

学习运用真空冷冻干燥机对蛋白质、肽或其他热敏性生物活性物质进行干燥。

二、实 验 原 理

高真空状态下，利用升华原理使预先冻结的物料中的水分直接从固态升华为蒸汽而被除去，从而使物料干燥。真空冷冻干燥机广泛应用于多种产品，可确保物品中蛋白质、维生素等各种营养成分，特别是那些易挥发热敏性成分不损失，因而能最大限度地保持原有的营养成分。还能有效防止干燥过程中的氧化，可以避免营养成分的转化和状态变化。冻干制品呈海绵状、无干缩、复水性好、含水分极少，相应包装后可在常温下长时间保存和运输。

三、实验器材及原料

(1) GZLY-1 型真空冷冻干燥机；
(2) 7ml 西林瓶（瓶塞和铝塑盖）；
(3) 表皮细胞生长因子（EGF）；
(4) 20％人白蛋白；
(5) 甘露醇（药用级）；
(6) 肝素钠。

四、实 验 步 骤

(1) 系统准备。检查系统是否清洁和干燥，真空泵与冷冻干燥机是否连接，接通电源，检查排气口、冷冻管的密封性。

(2) 配料、灌装、半加塞。

(3) 预冻。将灌好的西林瓶推入冻干箱内的隔板上，关闭冻干箱的舱门，打开冷冻开关，等待 20～30min，直到冷冻舱的温度低于−40℃，保持 2h 以上。

(4) 抽真空。打开真空泵开关，等待 10～15min，直到系统压力低于 15Pa。

(5) 一次干燥（升华）。开启加热开关，使隔板温度 30min 内升至−15℃，保持 2h；1min 内将隔板温度升至−10℃，保持 4h；1min 内将导液升至−5℃，保持 3h。

(6) 二次干燥。60min 内将隔板温度升至 30℃，开渗气开关保持 300min（设 18Pa 偏差 2Pa）真空下压塞。

(7) 关机。关闭总开关，接上排气管或打开密封管开关以解除真空状态。关闭真空开关，关闭冷冻开关，取出样品。

(8) 系统维护。①除霜：冷冻干燥机冷冻舱下面的压缩舱内如果有霜，则接上排水管，然后用少量热水（不能超过压缩舱容积的一半）促进冰霜的融化；②除湿：压缩舱、冷冻舱、真空泵压缩机以及垫圈等表面的水雾均需擦干；③清洁：压缩舱、冷冻舱可以用温和的去污剂或苏打水来清洗，然后干燥并撤去排水管，并重新密封排水孔；④泵油：定期检查油位，排除油雾。

五、思 考 题

试述在整个冻干过程中，温度和真空度应如何控制，为什么？

实验八　蛋白质的冷冻干燥

一、实 验 目 的

通过实验了解真空冷冻干燥的基本知识及设备的操作过程。

二、实 验 原 理

与晒干、煮干、烘干、喷雾干燥和真空干燥等在0℃以上或更高的温度进行的干燥方法相比，冷冻干燥基本上在0℃以下的温度进行，即在产品冻结的状态下进行，直到最后，为了进一步降低产品的残余水分含量，才让产品升至0℃以上的温度，但一般也不超过40℃。

冷冻干燥就是把含有大量水分的物质，预先进行降温冻结成固体，然后在真空条件下使蒸汽直接升华出来，而物质本身剩留在冻结时的冰架中，因此它干燥后体积不变，疏松多孔。在升华时要吸收热量，引起产品本身温度的下降而减慢升华速度，为了增加升华速度，缩短干燥时间，必须要对产品进行适当加热。整个干燥过程是在较低的温度下进行的。

冷冻干燥目前在医药工业、食品工业、科研和其他部门得到广泛的应用。

三、实验材料及设备

（1）实验材料：蛋白质溶液；

（2）实验设备：速冻设备（−38℃以下）、真空冷冻干燥机、冷冻浓缩机、天平等。

四、实 验 操 作

1. 工艺流程

真空冷冻干燥可按如下工艺流程进行：

　　　　原料→前处理→速冻→真空脱水干燥→后处理

2. 操作要点

（1）前处理。采用冷冻浓缩的方法将蛋白质溶液进行浓缩，并把样品分装在玻璃模子瓶、玻璃管子瓶或安瓿瓶中，装量要均匀，蒸发表面尽量大，而厚度要尽量薄一些,产品厚度不要超过 10mm。

(2) 速冻。将装好的蛋白质溶液速冻,温度－35℃左右,时间约 2h。冻结终了温度约在－30℃,使物料的中心温度在共晶点以下(溶质和水都冻结的状态称为共晶体,冻结温度成为共晶点)。

速冻的目的是将样品内的水分固化,并使冻干后产品与冻结前具有相同的形态,以防止在升华过程中由于抽真空而使其发生浓缩、气泡、收缩等不良现象。一般来说,冻结越快,物品中结晶越小,对细胞的机械损坏作用也越小。冻结时间短,蛋白质在凝聚和浓缩作用下不会发生变性。

(3) 真空脱水干燥。包括升华干燥和解析干燥两个阶段。

①升华干燥。冻结后的样品需迅速进行真空升华干燥。样品在真空条件下吸热,冰晶就会升华成蒸汽而从样品表面逸出。升华过程是从样品表面开始逐渐向内推移。在升华过程中,由于热量不断被升华热带走,要及时供给升华热能,来维持升华温度不变。当样品内部的冰晶全部升华完毕,升华过程便完成。首先,将冷阱预冷至－35℃,打开干燥舱门,装入预冷好的样品瓶并关上舱门,启动真空机组进行抽真空,当真空度达到 30～60Pa 时,进行加热,这时冻结好的物料开始升华干燥。但加热不能太快或过量,否则温度过高,超过共熔点,冰晶融化,会影响质量。所以,料温应控制为－20～－25℃,时间为 3～5h。②解析干燥。升华干燥后,样品中仍含有少部分的结合水,较牢固。所以必须提高温度,才能达到产品所要求的水分含量。料温由－20℃升到 45℃左右,当料温与板层温度趋于一致时,干燥过程即可结束。

真空干燥时间为 8～9h。此时水分含量减至 3% 左右,停止加热,释放真空,出舱。如果此干燥的样品能在 80～90s 内用水复原,复原后仍具有类似于干燥前样品的质地。

(4) 后处理。当仓内真空度恢复接近大气压时打开仓门,开始出仓,将已干燥的样品立即进行检查、称重、包装等。

3. 实验设计

在真空冻干过程中影响因素很多,如物料厚度、预冻温度和升华真空度等,可进行多因素多水平的实验设计。通过实验结果确定最佳工艺参数。

五、结果与分析

1. 作出冻干曲线

以温度为纵坐标,时间为横坐标作出冻干曲线(把产品和板层的温度、冷凝器温度和真空度对照时间画成的曲线称为冻干曲线)。

2. 产品的评价

（1）感官指标。外观形状饱满（不塌陷）；断面呈多孔海绵样疏松状；保持了原有的色泽；具有浓郁的芳香气味；复水较快，复水后芳香气味更浓。

（2）卫生指标。应符合国家标准。

3. 讨论题

（1）加热升华时温度是不是越低越好？为什么？

（2）冻干法与传统干燥法相比有哪些优点？

实验九　喷雾干燥机在生物制品中的应用

一、实 验 目 的

学习运用喷雾干燥机对菌体、酶制剂、蛋白质、肽或其他热敏性生物活性物质进行干燥获得产品。

二、实 验 原 理

通过雾化器将物料溶液分散成雾状液滴，在干燥介质（热风）的作用下进行热交换，使雾状液滴中溶剂（通常指水）迅速蒸发，获得粉状制品的干燥过程。在干燥过程中液滴温度比较低，因而特别适用于热敏性物料的干燥，而且成品质量好，干燥后产品仍保持原有的色泽、香味，并且具有良好的分散性、流动性和溶解性。参见图 2-1-9。

三、实验器材及原料

（1）ADL311-A 型喷雾干燥机；

（2）地衣芽孢杆菌发酵液；

（3）糊精。

四、实 验 步 骤

（1）检查仪器有无破损，如果发现破损请与仪器管理员及时联系。

（2）开仪器电源开关，打开吸气机开关。使气流在系统中流动。

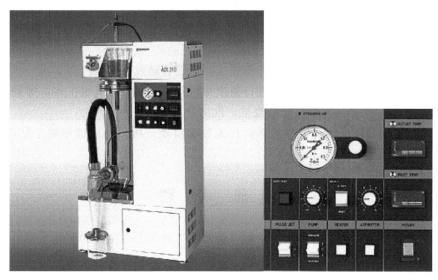

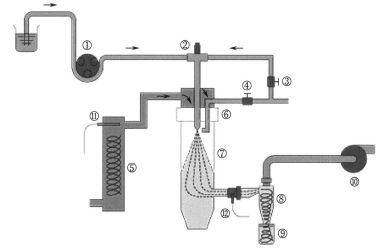

图 2-1-9　喷雾干燥机及其结构图

①送液泵；②喷雾喷嘴；③针阀；④电磁阀；⑤加热器；⑥分配器；⑦干燥室；⑧气旋；
⑨生成物容器；⑩抽气机；⑪入口温度传感器；⑫出口温度传感器

（3）设定进口温度：打开加热开关，进口温度设定为120℃。

（4）进口温度达到后，打开空气压缩机，调节流量计上的针形阀，一般调至4cm高（约600L/H）。

（5）喷雾：准备好物料，打开蠕动泵开关。①输样管压上蠕动泵，开始优化最佳条件。蠕动泵一般设定为30％。②如果出口温度太高，可以减低入口设定温度，或者提高蠕动泵转速。③如果样品没能完全干燥（粘壁），可以提高进口温度，或减低蠕动泵转速。注：出口温度的最大限度是产品所能承受的实际最高温度，本实验为 70～80℃。④如果样品溶液容易堵塞喷嘴，可以打开喷嘴清堵开关，设定清堵频率。

（6）样品喷雾结束后，切换到蒸馏水，清洗管路及喷嘴。

（7）关机：关机时，先关闭进口温度加热开关，保持吸气机工作；等到出口温度降到 70℃以下，方可关闭吸气机，取出产品。

（8）本仪器需要拆卸清洗的部件均为玻璃材质，所以清洗过程要十分小心，切勿发生碰撞。

五、思　考　题

试述在喷干过程中，如何控制出口温度？如果是工业生产的喷雾干燥机，你会如何设计？

第二章　细胞破碎与粗分离实验

实验一　酵母细胞的破碎及破碎率的测定

一、实验目的

(1) 掌握超声波破碎细胞的原理和操作；
(2) 学习细胞破碎率的评价方法。

二、实验原理

频率超过 $15\sim20kHz$ 的超声波，在较高的输入功率下（$100\sim250W$）可破碎细胞。其工作原理是：超声波细胞粉碎机由超声波发生器和换能器两部分组成。超声波发生器（电源）是将 $220V$、$50Hz$ 的单相电通过变频器件变为 $20\sim25Hz$、约 $600V$ 的交变电能，并以适当的阻抗与功率匹配来推动换能器工作，做纵向机械振动，振动波通过浸入在样品中的钛合金变速杆对破碎的各类细胞产生空化效应，从而达到破碎细胞的目的。

三、实验器材

超声波细胞破碎机、电子显微镜、酒精灯、盖玻片、血细胞计数板、接种针。

四、试剂和材料

(1) 酵母细胞悬浮液：$0.2g/ml$ 的啤酒酵母溶于 $50mmol/L$ 乙酸钠-乙酸缓冲溶液（pH 为 4.7）。

(2) 马铃薯培养基：①马铃薯（去皮切块）200g；②琼脂 20g；③蔗糖 20g；④蒸馏水 1000ml；⑤pH 为 6.5。选优质马铃薯去皮切块，加水煮沸 30min，然后用纱布过滤，再加糖及琼脂，融化后补充加水至 1000ml，分装，115℃灭菌 20min。

五、操 作 步 骤

1. 啤酒酵母的培养

（1）菌种纯化。将酵母菌种转接至斜面培养基上，28～30℃，培养 3～4d，培养成熟后，用接种环取一环酵母菌至 8ml 液体培养基中，28～30℃，培养 24h。

（2）扩大培养。将培养成熟的 8ml 液体培养基中的酵母菌全部转接至 80ml 液体培养基的中，28～30℃，培养 15～20h。

2. 破碎前计数

取 1ml 酵母细胞悬浮液经适当稀释后，用血细胞计数板在显微镜下计数。

3. 细胞超声波破碎

（1）将 80ml 酵母细胞悬浮液放入 100ml 容器中，液体浸没超声发射针 1cm。

（2）打开开关，将频率设置中档，超声破碎 1min，间歇 1min，破碎 20 次。

（3）取 1ml 破碎后的细胞悬浮液经适当稀释后，滴一滴在血细胞计数板上，盖上盖玻片，用电子显微镜进行观察，计数。计算细胞破碎率。

（4）破碎后的细胞悬浮液，于 12 000r/min、4℃ 离心 30min，去除细胞碎片。用 Lowry 法检测上清液蛋白质含量。

六、结果与讨论

（1）用显微镜观察细胞破碎前后的形态变化。

（2）用两种方法对细胞破碎率进行评价：一种是直接计数法，对破碎后的样品进行适当的稀释后，通过在血球计数板上用显微镜观察来实现细胞的计数，从而计算出破碎率；另一种是间接计数法，将破碎后的细胞悬浮液离心分离掉固体（完整细胞和碎片），然后用 Lowry 法测量上清液中的蛋白质含量，也可以评估细胞的破碎程度。

实验二　机械剪切法细胞破碎实验

一、实 验 目 的

（1）熟悉细胞破碎的基本方法；

（2）熟练掌握机械破碎法操作技术。

二、实　验　原　理

细胞破碎技术（包括机械破碎法：捣碎法、珠磨法、高压匀浆法、超声波破碎法；非机械破碎法：冻结-融化法、渗透压冲击法、有机溶剂法、表面活性剂法、酸碱法、酶溶法）是提取分离生物药物的一个基本技术，是学生必须掌握的一项技能。

三、材料、试剂及仪器

1. 材料

土豆。

2. 试剂

① 0.1mol/L 的 NaF 溶液（将 4.2g 氟化钠溶于 1000ml 水中）；

② 0.01mol/L 的邻苯二酚溶液（将 1.1g 邻苯二酚溶解于 1000ml 水中，用稀氢氧化钠调节溶液的 pH 为 6.0）。

3. 仪器

家用匀浆器、烧杯、布氏漏斗、抽滤瓶、量筒、容量瓶、普通离心机、水浴锅、不锈钢锅。

四、实　验　过　程

1. 酶抽提物的制备

（1）拿一块土豆，洗去上面的泥土；

（2）去土豆皮后切成小块；

（3）称取 50g 土豆块放入匀浆器中，再加入氟化钠溶液 50ml；

（4）在匀浆器中研磨 30s；

（5）把匀浆物通过几层细布滤入一个 100ml 的烧杯中；

（6）加入等体积的饱和硫酸铵溶液，混合后于 4℃放置 30min；

（7）在 4000r/min 下离心 15min，倒掉上清液；

（8）将沉淀物用大约 15ml 柠檬酸缓冲液溶解，即得该酶粗制品。

2. 多酚氧化酶的颜色反应

（1）将 3 只干净的试管编号为 1、2、3。

（2）按下面的要求制备各管。管 1：加入 15 滴酶抽提液和 15 滴 0.01mol/L 的邻苯二酚溶液，混合均匀；管 2：加入 15 滴酶抽提液和 15 滴水，混合均匀；管 3：加入 15 滴 0.01mol/L 的邻苯二酚溶液和 15 滴水，混合均匀。

（3）把 3 只试管放于 37℃水浴中。

（4）每隔 5min 振荡试管并观察每管中溶液颜色的变化，共反应 25min。

（5）观察现象。

五、结果与讨论

（1）记录以上实验过程每一步骤的现象，并对现象所说明的问题进行分析。

（2）本实验中加入硫酸铵的目的是什么？

（3）预测管 1、管 2、管 3 的现象，并说明预测的依据。

实验三 硫酸铵分级盐析分离血清中的主要蛋白质

一、实 验 目 的

（1）了解盐析法分离血清中的主要蛋白质的基本原理；

（2）掌握硫酸铵分级盐析的基本操作技术。

二、实 验 原 理

盐析是最常用分离蛋白质的方法，各种蛋白质所带电荷不同、相对分子质量不同，从而在高浓度的盐溶液中溶解度就不同，因此一个含有几种蛋白质的混合液，就可用不同浓度的中性盐来使其中各种蛋白质先后分别沉淀下来，达到分离纯化的目的，这种方法称为分级盐析。一般粗提取物常用它进行粗分离。常用的盐析剂有硫酸铵、硫酸钠、硫酸镁、氯化钠、磷酸二氢钠等，其中最常用的是硫酸铵。用盐析法分离蛋白质，简便安全，而且所得的蛋白质并不丧失活性，是分离纯化中最佳的一种方法。在实际操作时，可先把蛋白质溶液调至等电点，使其溶解度达到最低，然后加入粉末固体硫酸铵或饱和硫酸铵溶液，并达到一定浓度。这时蛋白质即从溶液中析出，经过滤或离心，透析去盐，即可获得产品。

硫酸铵的浓度一般以饱和度表示，在不同温度下达到一定饱和度所需浓度不同，硫酸铵饱和度配制方式见附录表。

三、实 验 仪 器

离心机、大烧杯（≥500ml）、烧杯（250ml）、高精度 pH 试纸、大容量瓶、移液管、玻璃棒等。

四、材料和试剂

1. 材料

新鲜动物血浆或血清（无溶血现象）100ml。

2. 试剂

（1）pH7.2 的饱和硫酸铵溶液；

（2）0.2mol/L pH7.2 的磷酸盐缓冲液（PBS），配制方法如下。①A 液：0.2mol/L 磷酸氢二钠溶液（称取磷酸氢二钠 5.37g 加去离子水精确配 100ml）；②B 液：0.2mol/L 磷酸二氢钠溶液（称取磷酸二氢钠 3.12g 加去离子水精确配 100ml）；③取 A 液约 72ml，取 B 液约 28ml，然后将这两种溶液边混合边用高精度 pH 试纸检测，调配成约 100ml 浓度为 0.2mol/L pH7.2 的磷酸盐缓冲溶液备用。

五、操 作 步 骤

1. 清蛋白与球蛋白分离

（1）取 100ml 血浆或血清置于 500ml 烧杯中，加 PBS 100ml 搅拌 10min。

（2）在搅拌下慢慢滴加 200ml pH7.2 饱和硫酸铵溶液。

（3）加完饱和硫酸铵溶液后继续搅拌 20～30min 以充分沉淀球蛋白。

（4）离心（3500r/min）20min，弃去上清液（主要含清蛋白），沉淀中含有各种球蛋白。

2. 各种球蛋白的分离

（1）用 100ml PBS 溶解上述沉淀中的各种球蛋白，并转移至 250ml 烧杯中搅拌 15min。

（2）在搅拌下，慢慢滴加 25ml 饱和硫酸铵溶液，饱和度达 20%。

（3）离心（3500r/min）20min，沉淀含少量纤维蛋白质，取上清液。

（4）上清液在搅拌下，慢慢滴加 18～25ml 饱和硫酸铵溶液，饱和度达 30%～33%。

（5）离心（3500r/min）20min 得上清液和沉淀（主要含 γ-球蛋白和少量 β-球蛋白）。

（6）取（5）中沉淀溶于 PBS 中使体积达 100ml 并转移至 250ml 烧杯中搅拌 15min。

（7）在搅拌下，慢慢滴加 43～50ml 饱和硫酸铵溶液，饱和度达 30%～33%。

（8）离心（3500r/min）20min 得上清液（含 β-球蛋白）和沉淀（主要含 γ-球蛋白）。

（9）取（5）中上清液在搅拌下，慢慢滴加 35～40ml 饱和硫酸铵溶液，饱和度约达 45%。

（10）离心（3500r/min）20min 得上清液（主要为 α-球蛋白）和沉淀（主要为 β-球蛋白）。

六、结果与分析

（1）观察每一次沉淀后的清液和沉淀，记录上清液和沉淀的状态及质量。

（2）如果要对不同组分所包含的主要成分进行验证可采取哪些方法？

七、注意事项

（1）缓冲液的配制应准确。

（2）滴加饱和硫酸铵溶液的速度要慢一些，搅拌的速度应适中。

（3）加完硫酸铵溶液后要静置一段时间，至少 20～30min，使沉淀完全。

（4）为了证明分离的效果，本实验最好和第三章实验一"凝胶层析法测定蛋白质分子质量"配合进行。

八、思考题

（1）如何继续分离纯化上清液中球蛋白？

（2）为何加磷酸盐缓冲液？

实验四 蔗糖密度梯度离心分离实验

一、实验目的

(1) 熟悉密度梯度离心原理;

(2) 熟练掌握密度梯度离心操作技术。

二、实验原理

溶液的密度自上而下逐渐变化的分布状态称为密度梯度。在超速离心技术中,样品的密度应分布在溶液的密度梯度范围内。

三、试剂及仪器

1. 试剂

20%、40%、60%、80%蔗糖溶液;墨汁。

2. 仪器

烧杯、普通离心机、试管若干。

四、实验过程

1. 梯度液的制备

先制备出不同浓度的蔗糖溶液,浓度间隔相同 (20%、40%、60%、80%),然后每个浓度取相同体积,按浓度依次减小的顺序逐个铺入离心管中即制成不连续阶梯密度梯度。此离心管于 20~25℃静置 2~3h,通过重力作用即成接近线性的连续密度梯度液。若用细铁丝轻敲离心管,静置时间可以缩短至 0.5~1h。温度低时所需静置时间较长,温度高时则较短。为减少对流,静置后应将离心管置冰浴中备用。

2. 密度梯度离心

向已成密度梯度的离心管中加入半滴墨汁,放入离心机中离心,3000r/min 离心 10min,观察现象。

五、结果与分析

（1）密度梯度离心与差速离心的区别？

（2）从离心分离法的原理分析密度梯度离心法的机制。

实验五　青霉素的萃取与萃取率的计算

一、实验目的

（1）学会利用溶剂萃取的方法对目的产物进行提纯；

（2）掌握利用碘量法测定青霉素的含量，并计算出青霉素的萃取率。

二、实验原理

萃取过程是利用混合物质各种组分在两个不相混溶的液相中的溶解度的不同，从而达到分离的目的。pH 为 2.3 时，青霉素在乙酸乙酯中比在水中溶解度大，因而可以将乙酸乙酯加到青霉素混合液中，并使其充分接触，从而使青霉素被萃取浓集到乙酸乙酯中，达到分离提纯的目的。

三、试剂及仪器

1. 仪器

分液漏斗、小烧杯、电子天平、酸式滴定管、移液管、容量瓶、量筒、玻璃棒、pH 试纸。

2. 试剂

（1）$Na_2S_2O_3$（0.1mol/L）：取 $Na_2S_2O_3$ 约 2.6g 与无水 Na_2CO_3 0.02g，加新煮沸过的冷蒸馏水适量溶解，定容到 100ml。

（2）碘溶液（0.1mol/L）：取碘 1.3g，加 KI 3.6g 与水 5ml 使之溶解，再加 HCl 1 滴或 2 滴，定容到 100ml。

（3）HAc-NaAc（pH4.5）缓冲液：取 83g 无水 NaAc 溶于水，加入 60ml 冰乙酸，定容到 1L。

（4）NaOH 液（1mol/L）、HCl 液（1mol/L）、淀粉指示剂、乙酸乙酯、稀 H_2SO_4、蒸馏水。

（5）Dowex50 的处理：Dowex50 用蒸馏水充分浸泡后，用 6mol/L HCl 浸泡煮沸 1h，然后用蒸馏水洗去 HCl 至树脂呈中性，换 15％NaOH 浸泡 1h，用蒸馏水洗去 NaOH 至树脂呈中性，最后用 pH4.2 柠檬酸钠缓冲液浸泡备用。

四、实 验 过 程

1. $Na_2S_2O_3$ 的标定

取 $K_2Cr_2O_3$ 0.15g 于碘量瓶中，加入 50ml 水，使之溶解，再加 KI 2g，溶解后加入稀 H_2SO_4 40ml，摇匀，密闭，在暗处放置 10min，取出后再加水 250ml 稀释，用 $Na_2S_2O_3$ 滴定临近终点时，加淀粉指示剂 3ml，继续滴定至蓝色消失，记录 $Na_2S_2O_3$ 消耗的体积。

2. 青霉素的萃取

（1）用电子天平称取 0.12g 青霉素钠，溶解后定容到 100ml。

（2）取 15ml 乙酸乙酯，用稀 H_2SO_4 调节 pH 到 2.3～2.4，准确移取 10ml 青霉素钠溶液与乙酸乙酯溶液融合，置于分液漏斗中，摇匀，静置 30min。

（3）溶液分层后，将下层萃余相置于烧杯中备用，将上层萃取液回收。

3. 萃取率的计算

（1）取 5ml 定容好的青霉素钠溶液于碘量瓶中，加 NaOH 溶液 1ml，放置 20min，再加 1ml HCl 溶液与 5ml HAc-NaAc 缓冲液，精密加入碘滴定液 5ml，摇匀，密闭，在 20～25℃暗处放置 20min，用 $Na_2S_2O_3$ 滴定液滴定，临近终点时加淀粉指示剂 3ml，继续滴定至蓝色消失，记录 $Na_2S_2O_3$ 消耗的体积（$V_{对照}$）。

（2）另取 5ml 定容好的青霉素钠溶液于碘量瓶中，加入 5ml HAc-NaAc 缓冲液，再精密加入碘滴定液 5ml，用滴定液滴定至蓝色消失，记录 $Na_2S_2O_3$ 消耗的体积（$V_{空白}$）。

（3）取萃余项 5ml 于碘量瓶中，按步骤（1）的方法进行测定，记录 $Na_2S_2O_3$ 消耗的体积（$V_{样品}$）。

五、结果与分析

1. 数据处理

（1）根据 $Na_2S_2O_3$：I_2（2：1），分别计算操作步骤（3）中各步滴定的碘的量 $I_①$、$I_②$、$I_③$。

（2）萃取前与青霉素反应的碘：总 $I_2 = I_② - I_①$；

萃取后与青霉素反应的碘：余 $I_2 = I_② - I_③$。

（3）根据青霉素：I_2（1：8）计算：萃取前青霉素含量和萃取后青霉素含量。

（4）计算：

萃取率＝（萃取前青霉素含量－萃取后青霉素含量）/萃取前青霉素含量

2. 讨论

pH 的调节在提高青霉素萃取效率方面的重要性。

实验六　蛋白质的透析

一、实验目的

学会透析的基本原理和操作。

二、实验原理

蛋白质是大分子物质，它不能透过透析膜，而小分子物质可以自由透过。在分离提纯蛋白质的过程中，常利用透析的方法使蛋白质与其中夹杂的小分子物质分开。

三、实验器材

透析管或玻璃纸、烧杯、玻璃棒、电磁搅拌器、试管。

四、试剂及药品

蛋白质的氯化钠溶液（3 个除去蛋黄的鸡蛋蛋清与 700ml 水及 300ml 饱和氯化钠溶液混合后，用数层干纱布过滤），10％硝酸溶液，1％硝酸银溶液，10％氢氧化钠溶液，1％硫酸铜溶液。

五、实验过程

（1）用蛋白质溶液做双缩脲反应（加 10％氢氧化钠溶液约 1ml，振荡摇匀，再加 1％硫酸铜溶液 1 滴，振荡，观察出现的粉红颜色）。

（2）透析袋的预处理。将一适当大小和长度的透析袋放在 50％乙醇中煮沸

1h（或浸泡一段时间），再用 10g/L Na$_2$CO$_3$ 溶液和 1mmol/L EDTA 溶液洗涤，最后用蒸馏水洗涤 2 次或 3 次，结扎袋的一端。

（3）向火棉胶制成的透析管中装入 10～15ml 蛋白质溶液并放在盛有蒸馏水的烧杯中（或用玻璃纸装入蛋白质溶液后扎成袋形，系于一横放在烧杯的玻璃棒上）。

（4）约 1h 后，从烧杯中取出水 1～2ml 水，加 10％硝酸溶液数滴使成酸性，再加入 1％硝酸银溶液 1 滴或 2 滴，检查氯离子的存在。

（5）从烧杯中另取出水 1～2ml 水，做双缩脲反应，检查是否有蛋白质存在。

（6）不断更换烧杯中的蒸馏水（并用电磁搅拌器不断搅动蒸馏水）以加速透析过程。数小时后从烧杯中的水中不能再检出氯离子时，停止透析并检查透析袋内容物是否有蛋白质或氯离子存在（此时应观察到透析袋中球蛋白沉淀的出现，这是因为球蛋白不溶于纯水的缘故）。

六、结果与分析

（1）从氯离子和双缩脲反应检查结果，评价透析效果。

（2）除了上述方法外，请思考还可以采用哪些方法评估透析的效果？

实验七　胰凝乳蛋白酶的制备

一、实 验 目 的

（1）掌握盐析法分离酶的基本原理和操作；

（2）掌握结晶的基本方法和操作；

（3）学习胰凝乳蛋白酶制备的方法。

二、实 验 原 理

蛋白质分子表面带有一定的电荷，因同种电荷相互排斥，使蛋白质分子彼此分离；同时，蛋白质分子表面分布着各种亲水基团，这些基团与水分子相互作用形成水化膜，增加蛋白质水溶液的稳定性。如果在蛋白质溶液中加入大量中性盐，蛋白质分子表面的电荷被大量中和，水化膜被破坏，于是蛋白质分子相互聚集而沉淀析出，这种现象称为盐析。由于不同的蛋白质分子表面所带的电荷多少不同，分布情况也不一样，因此不同的蛋白质盐析所需的盐浓度也各异。盐析法就是通过控制盐的浓度，使蛋白质混合液中的各个成分分步析出，达到粗分离蛋白质的目的。

三、实验材料与仪器

高速组织捣碎机，解剖刀，镊子，剪刀，烧杯（50ml、100ml），离心机，离心管，漏斗，纱布，棉线，吸管（10ml、5ml、2ml、1ml、0.5ml），玻璃棒，滴管，透析袋，台秤，分析天平，离心机。

新鲜猪胰脏，0.125mol/L H_2SO_4 溶液，固体 $(NH_4)_2SO_4$，1％酪蛋白溶液（称取酪蛋白1.0g，加 pH 为8.0的 0.1mol/L 磷酸盐缓冲液100ml，在沸水中煮5min 使之溶解，冰箱中保存），磷酸盐缓冲液（0.1mol/L，pH 为 7.4），0.1mol/L NaOH 溶液，1％$BaCl_2$。

四、实验过程

整个操作过程在 0～5℃条件下进行。

（1）提取：取新鲜猪胰脏，放在盛有冰冷的 0.125mol/L H_2SO_4 的容器中，保存在冰箱中待用。去除胰脏表面的脂肪和结缔组织后称重。用组织捣碎机绞碎，然后混悬于2倍体积的冰冷的 0.125mol/L H_2SO_4 溶液中，放冰箱内过夜。将上述混悬液离心 10min，上清液经2层纱布过滤至烧杯中，将沉淀再混悬于等体积的冰冷的 0.125mol/L H_2SO_4 溶液中，再离心，将两次上层液合并，即为提取液。

（2）分离：取提取液 10ml，加固体 $(NH_4)_2SO_4$ 1.14g 达 20％饱和度，放置 10min，离心（3000r/min）10min。弃去沉淀，保留上清液。在上清液中加入固体 $(NH_4)_2SO_4$ 1.323g 达 50％饱和度，放置 10min 离心（3000r/min）10min。弃去上清液，保留沉淀。将沉淀溶解于3倍体积的水中，装入透析袋中，用 pH 为 7.4 的 0.1mol/L 磷酸盐缓冲液透析，直至用 1％$BaCl_2$ 检查无白色 $BaSO_4$ 沉淀产生，然后离心（3000r/min）5min。弃去沉淀（变性的酶蛋白），保留上清液。在上清液中加 $(NH_4)_2SO_4$（0.39g/ml）达 60％饱和度，放置 10min，离心（3000r/min）10min。弃去上清液，保留沉淀（即为胰凝乳蛋白酶）。

（3）结晶：取分离所得的胰凝乳蛋白酶溶于3倍体积的水中。然后加 $(NH_4)_2SO_4$（1.14g/ml）至胰凝乳蛋白酶溶液达 25％饱和度，用 0.1mol/L NaOH 调节至 pH6.0，在室温（25～30℃）放置 12h 即可出现结晶。

五、结果与讨论

（1）在显微镜下观察胰凝乳蛋白酶的结晶形状。

（2）计算胰凝乳蛋白酶的得率。

（3）分析影响胰凝乳蛋白酶得率的因素。

实验八　牛奶中酪蛋白和乳蛋白素粗品的制备

一、实　验　目　的

（1）掌握盐析法和等电点沉淀法的原理和基本操作；

（2）了解酪蛋白和乳蛋白素的一种粗提方法。

二、实　验　原　理

乳蛋白素（α-lactalbumin）广泛存在于乳品中，是乳糖合成所需要的重要蛋白质。牛奶中主要的蛋白质是酪蛋白（casein），酪蛋白在 pH4.8 左右会沉淀析出。而乳蛋白素在 pH3 左右才会沉淀。利用这一性质，可先将 pH 降至 4.8，或是在加热至 40℃的牛奶中加硫酸钠，将酪蛋白沉淀出来。酪蛋白不溶于乙醇，这个性质被用于从酪蛋白粗制剂中除去脂类杂质。将去除掉酪蛋白的滤液的 pH 调至 3 左右，能使乳蛋白素沉淀析出，部分杂质可随澄清液除去。再经过一次 pH 沉淀后，即可得到粗乳蛋白素。

三、实验材料、试剂和器材

1. 试剂和材料

脱脂或低脂奶粉、无水硫酸钠、0.1mol/L HCl、0.1mol/L NaOH、0.05mol/L 碳酸氢铵、滤纸、pH 试纸、浓盐酸、0.2mol/L 乙酸-乙酸钠缓冲溶液（pH 4.6）、乙醇。

2. 实验仪器

烧杯（250ml、100ml、50ml）、玻璃试管（10mm × 100mm）、离心管（50ml）、磁力搅拌器、pH 计、离心机。

四、操 作 步 骤

1. 盐析法或等电点沉淀法制备酪蛋白

（1）将 50ml 牛乳倒入 250ml 烧杯中，于 40℃水浴中加热并搅拌。

（2）在搅拌下缓慢加入 10g 无水硫酸钠（约 10min 内分次加入），之后再继续搅拌 10min（或加热到 40℃，再在搅拌下慢慢地加入 50ml 40℃左右的乙酸-乙酸钠缓冲溶液，直到 pH 达到 4.8 左右，可以用酸度计调节。将上述悬浮液冷却至室温，然后静置 5min）。

（3）将溶液用细布过滤，分别收集沉淀和滤液。将上述沉淀悬浮于 30ml 乙醇中，倾于布式漏斗中，过滤出去乙醇溶液，抽干。将沉淀从布式漏斗中取出，在表面皿上摊开以挥去乙醇，干燥后得到酪蛋白。准确称量。

2. 等电点沉淀法制备乳蛋白素

（1）将操作步骤（1）所得的滤液置于 100ml 烧杯中，一边搅拌一边以浓盐酸调整 pH 至 3.0 ± 0.1（利用 pH 计测量）。

（2）6000r/min 离心 15min，倒掉上清液。

（3）在离心管内加入 10ml 去离子水，振荡，使管内下层物重新悬浮，用 0.1mol/L NaOH 溶液调整 pH 至 8.5～9.0（以 pH 试纸或 pH 计判定），此时大部分蛋白质均会溶解。

（4）6000r/min 离心 10min，将上清液倒入 50ml 烧杯中。

（5）将烧杯置于磁力搅拌器上，一边搅拌，一边用 0.1mol/L HCl 调整 pH 至 3.0 ± 0.1（利用 pH 计测量）。

（6）6000r/min 离心 10min，倒掉上清液。取出沉淀干燥并称量。

五、结果与分析

（1）计算出每 100ml 牛乳所制备出的酪蛋白数量，并与理论产量（3.5%）相比较。求出实际得率。

（2）计算出每 100ml 牛乳所制备出的乳蛋白素的数量。

（3）讨论影响得率的因素。

第三章　层析和电泳分离分析技术实验

实验一　凝胶层析法测定蛋白质分子质量

一、实验目的

(1) 了解凝胶层析的原理及其应用；

(2) 通过测定蛋白质分子质量的训练，初步掌握凝胶层析技术。

二、实验原理

　　凝胶层析又称排阻层析、凝胶过滤、渗透层析或分子筛层析等。它广泛地应用于分离、提纯、浓缩生物大分子及脱盐、去热源等，而测定蛋白质的分子质量也是它的重要应用之一。凝胶是一种具有立体网状结构且呈多孔的不溶性珠状颗粒物质。用它来分离物质，主要是根据多孔凝胶对不同半径的蛋白质分子（近于球形）具有不同的排阻效应实现的，即它是根据分子大小这一物理性质进行分离纯化的。对于某种型号的凝胶，一些大分子不能进入凝胶颗粒内部而完全被排阻在外，只能沿着颗粒间的缝隙流出柱外；而一些小分子不被排阻，可自由扩散，渗透进入凝胶内部的筛孔，而后又被流出的洗脱液带走。分子越小，进入凝胶内部越深，所走的路程越多，故小分子最后流出柱外，而大分子先从柱中流出。一些中等大小的分子介于大分子与小分子之间，只能进入一部分凝胶较大的孔隙，即部分排阻，因此这些分子从柱中流出的顺序也介于大、小分子之间。这样样品经过凝胶层析后，分子便按照从大到小的顺序依次流出，达到分离的目的。

　　对于任何一种被分离的化合物在凝胶层析柱中被排阻的范围均为 $0\sim100\%$，其被排阻的程度可以用有效分配系数 K_{av}（分离化合物在内水和外水体积中的比例关系）表示，K_{av} 值的大小和凝胶柱床的总体积 (V_t)、外水体积 (V_o) 以及分离物本身的洗脱体积 (V_e) 有关：

$$K_{av} = (V_e - V_o)/(V_t - V_o)$$

　　在限定的层析条件下，V_t 和 V_o 都是恒定值，而 V_e 是随着分离物分子质量的变化而改变。分子质量大，V_e 值小，K_{av} 值也小。反之，分子质量小，V_e 值大，K_{av} 值大。

　　有效分配系数 K_{av} 是判断分离效果的一个重要参数，同时也是测定蛋白质分子质量的一个依据。在相同层析条件下，被分离物质 K_{av} 值差异越大，分离效果越好。反之，分离效果差或根本不能分开。在实际的实验中，我们可以实测出 V_t、V_o 及 V_e 的值，从而计算出 K_{av} 的大小。对于某一特定型号的凝胶，在一定的分子质量范围内，K_{av} 与 $\log M_w$（M_w 表示物质的相对分子质量）呈线性关系：

$$K_{av} = -b \log M_w + c$$

式中，b、c 为常数。

同样可以得到：

$$V_e = -b' \log M_w + c'$$

式中，b'、c' 为常数，即 V_e 与 $\log M_w$ 也呈线性关系。我们可以通过在一凝胶柱上分离多种已知分子质量的蛋白质后，根据上述的线性关系绘出标准曲线，然后用同一凝胶柱测出其他未知蛋白质的分子质量。

三、试剂和仪器

1. 试剂

（1）标准蛋白

① 牛血清白蛋白：$M_w = 67\,000$（上海生化所）；

② 鸡卵清清蛋白：$M_w = 45\,000$（美国 SIGMA 公司）；

③ 胰凝乳蛋白酶原 A：$M_w = 24\,000$（美国 SIGMA 公司）；

④ 溶菌酶：$M_w = 14\,300$。

（2）未知蛋白质样品。

（3）0.025mol/L KCl-0.1mol/L HAC（乙酸）。

（4）蓝色葡聚糖-2000。

（5）Sephadex G-75。

2. 仪器

（1）玻璃层析柱（20mm×60cm）；

（2）恒流泵；

（3）自动部分收集器；

（4）紫外分光光度计；

（5）100ml 试剂瓶；

（6）1000ml 量筒；

（7）250ml 烧杯；

（8）50ml、100ml 烧杯；

（9）10ml（或 5ml）刻度试管。

四、实验操作

1. 凝胶的溶胀

称取 7g Sephadex G-75 于 250ml 烧杯中加入洗脱液 100ml，置室温溶胀 2～3d，反复倾泻去掉细颗粒，然后减压抽气去除凝胶孔隙中的空气，沸水浴中煮沸 2～3h（可去除颗粒内部的空气及灭菌）。

2. 装柱

（1）取洁净的玻璃层析柱垂直固定在铁架台上。

（2）凝胶柱总体积（V_t）的测定

在距柱上端约 5cm 处作一记号，关闭柱出水口，加入去离子水，打开出水口，液面降至柱记号处即关闭出水口，然后用量筒接收柱中去离子水（水面降至层析柱玻璃筛板），读出的体积即为柱床总体积 V_t。也可以最后走完未知蛋白质后再测定 V_t。

（3）在柱中注入洗脱液（约 1/3 柱床高度），将凝胶浓浆液缓慢倾入柱中，待凝胶沉积 1～2cm 高度后打开出水口，流速一般用 3～6ml/10min。胶面上升到柱记号处则装柱完毕，注意装柱过程中凝胶不能分层。然后关闭出水口，静置片刻，等凝胶完全沉降，则接上恒流泵，用 1～2 倍床体积的洗脱液平衡柱子，使柱床稳定。

3. V_o 的测定

吸去柱上端的洗脱液（切记不要搅乱胶面，可覆盖一张滤纸或尼龙网），打开出水口，使残余液体降至与胶面相切（但不要干胶），关闭出水口。用细滴管吸取 0.5ml（2mg/ml）蓝色葡聚糖-2000，小心地绕柱壁一圈（距胶面 2mm）缓慢加入，然后迅速移至柱中央慢慢加入柱中，打开出水口（开始收集！），等溶液渗入胶床后，关闭出水口，将少许洗脱液加入柱中，渗入胶床后，柱上端再用洗脱液充满，用 3ml/10min 的速度开始洗脱。最后作出洗脱曲线。收集并量出从加样开始至洗脱液中蓝色葡聚糖浓度最高点的洗脱液体积即为 V_o。注意：蓝色葡聚糖洗下来之后，还要用洗脱液（1～2 倍床体积）继续平衡一段时间，以备下步实验使用。

4. 标准曲线的制作

（1）用洗脱液配制标准蛋白溶液全班共用，溶液中 4 种蛋白质的浓度各为：牛血清白蛋白（2.5mg/ml）、鸡卵清清蛋白（6.0mg/ml）、胰凝乳蛋白酶原 A

（2.5mg/ml）和溶菌酶（2.5mg/ml）。

（2）按（3）的操作方法加入上述标准蛋白溶液（0.5～1ml），以 1.5ml/（管·5min）5min 的速度洗脱并收集洗脱液。

（3）用紫外分光光度计逐管测定 A_{280}，并确定各种蛋白质的洗脱峰最高点，然后量出各种蛋白质的洗脱体积 V_e。由于每管只收集了 1.5ml 洗脱液，量比较少，因此比色时要加入一定量的洗脱液进行测定（一般的比色杯可以盛装 3ml 溶液）。当然，也可以用微量比色杯进行测定。

（4）以 A_{280} 为纵坐标，V_e 为横坐标作图画出标准蛋白的洗脱曲线。

（5）以 K_{av} 为纵坐标，$logM_w$ 为横坐标作图画出一条标准曲线。

（6）以 V_e 为纵坐标，$logM_w$ 为横坐标作图画出一条标准曲线。

5. 未知蛋白质分子质量的测定

测定方法同标准曲线制作的（1）、（2）、（3）步相同，然后在标准曲线上查得 $logM_w$，其反对数便是待测蛋白质的分子质量。

注意：实验完毕后，将凝胶全部回收处理，以备下次实验使用，严禁将凝胶丢弃或倒入水池中。

实验二　亲和层析纯化胰蛋白酶

一、实　验　目　的

（1）理解亲和层析法的基本原理，并通过实验初步掌握制备一种亲和吸附剂的方法；

（2）理解和掌握亲和层析实验操作技术；

（3）学会一种测定蛋白水解酶活力及比活的方法。

二、实　验　原　理

简言之，亲和层析主要是根据生物分子与其特定的固相化的配基或配体之间具有一定的亲和力而使生物分子得以分离。这是由一种典型的吸附层析发展而来的分离纯化方法。

许多生物分子都有一种独特的生物学功能，即它们都具有能和某些专一分子可逆地结合的特性（分子间通过某些次级键结合，如范德华力、疏水力、氢键等，在一定条件下又可解离）。例如，酶和底物（包括酶的抑制剂、产物、辅酶及其底物的类似物）的结合、特异性的抗体-抗原（包括病毒、细胞）、激素与其受体、载体蛋白，基因与其互补 DNA、mRNA 及阻遏蛋白的结合、植物凝集素与淋巴细胞表面抗原及某些多糖的结合等，均属于专一性且可逆的结合。这种分子之间的结合能力叫做亲和力。亲和层析正是利用生物分子间所具有的专一亲和力而设计的层析技术。所以有人称为"生物专一吸附技术"或"功能层析技术"。

在实际工作中，只要把被识别的分子〔称为配基（ligand）〕，在不损害其生物学功能的条件下共价结合到水不溶性载体或基质上（matrix，如 Sepharose-4B）制成亲和吸附剂，然后装柱。再把含有要分离纯化的物质的混合液通过这个柱子，这时绝大部分对配基没有亲和力的化合物均顺利地流过层析柱而不滞留，只有与配基互补的化合物被吸附留在柱内。当所有的杂质从柱上流走后，再改变洗脱条件，使结合在配基上的物质解离下来。这样，原来混合液中被分离的物质便以高度纯化的形式在洗脱液中出现。

本实验为了纯化胰蛋白酶，采用胰蛋白酶的天然抑制剂——鸡卵黏蛋白作为配基制成亲和吸附剂，从胰脏粗提取液中纯化胰蛋白酶。鸡卵黏蛋白是专一性较高的胰蛋白酶抑制剂，对牛和猪的胰蛋白酶有相当强的抑制作用，但不抑制糜蛋白酶。在 pH 为 7～8 的缓冲溶液中鸡卵黏蛋白与胰蛋白酶牢固地结合，而在 pH 为 2～3 时，又能被解离下来。

因此，采用鸡卵黏蛋白作成的亲和吸附剂可以从胰脏粗提液中通过一次亲和层析直接获得活力大于 10 000 BAEE（苯甲酰-L-精氨酸乙酯）单位/mg 蛋白质胰蛋白酶制品，比用经典分离纯化方法简便得多。纯化效率可达到 10～20 倍以上。

三、试剂、材料与仪器

1. 试剂

丙酮、三氯乙酸、HCl、NaOH、NaCl、NaHCO$_3$、Na$_2$CO$_3$、氯代环氧丙烷、乙腈、甲酸、Tris、CaCl$_2$、KCl、DEAE-纤维素、Sepharose-4B、新鲜猪胰脏、鸡蛋清、乙酸、二氧六环、二甲基亚砜。

配制试剂贮存溶液：

（1）鸡卵黏蛋白层析液：0.02mol/L pH7.3 Tris-HCl。

（2）DEAE-纤维素处理液：0.5mol/L HCl 300ml 和 0.5mol/L NaOH-0.5mol/L NaCl。

（3）卵黏蛋白洗脱液：0.02mol/L pH7.3 Tris-HCl，含 0.3mol/L NaCl。

（4）标准胰蛋白酶溶液：结晶胰蛋白酶以 0.001mol/L HCl 配制成 50mg/ml。

（5）亲和层析柱平衡液：0.1mol/L pH8.0 Tris-HCl，含 0.5mol/L KCl、

0.05mol/L $CaCl_2$（1000ml 包含：12.1g Tris，37.5g KCl，5.6g $CaCl_2$）。

（6）0.05mol/L pH8.0 Tris-HCl，含 0.2％ $CaCl_2$（1000ml 配法：6.05g Tris 水溶后，先用 4mol/L HCl 调 pH 为 8.0，然后方可加 2g $CaCl_2$）。

（7）亲和柱解吸液：0.1mol/L 甲酸-0.5mol/L KCl，pH2.5（1000ml 配法：37.5g KCl，4.35ml 甲酸）。

（8）Sepharose-4B 凝胶清洗液：0.5mol/L NaCl 和 0.1mol/L $NaHCO_3$ 缓冲液，pH9.5。

（9）BAEE（苯甲酰-L-精氨酸乙酯）底物缓冲液：34mg BAEE 溶于 50ml 0.05mol/L pH8.0 Tris-HCl 中，临用前配制，冰箱内可保存 3d。

（10）粗胰蛋白酶：用亲和层析平衡液溶解，50mg/ml。

2. 主要器材

恒温水浴，温度计、G2 玻璃漏斗、抽滤瓶、布氏漏斗、离心机（50ml）、透析袋、层析柱（2cm×30cm，26cm×30cm）、秒表、移液管、贮液瓶（1L）、电磁搅拌器、pH 计、紫外分光光度计、纱布、匀浆器、pH 试纸。

四、实验操作步骤

（一）亲和吸附剂的合成

目前有多种方法活化载体和偶联配基制备亲和吸附剂。本实验采用氯代环氧丙烷活化载体与偶联配基。

1. 载体 Sepharose-4B 的活化

氯代环氧丙烷活化载体可用下面两种溶剂。

（1）二氧六环

取 10ml 沉淀体积的 Sepharose-4B 于 G2 玻璃烧结漏斗中，抽滤成半干，先用约 100ml 0.5mol/L NaCl 溶液淋洗，再用 100～150ml 蒸馏水洗涤，以除去其中的保护剂和防腐剂。抽干约得 6g 半干滤饼，置于 50ml 三角瓶中，加入 6.5ml 2mol/L NaOH，2ml 氯代环氧丙烷及 15ml 56％二氧六环，并置于 40℃搅拌 2h，然后将胶转移到 G2 玻璃漏斗中以蒸馏水淋洗除去多余的试剂，最后再用约 100ml 0.2mol/L Na_2CO_3（pH9.5）缓冲液洗涤。接着尽快进行偶联实验。

（2）二甲基亚砜

同（1）法将 6g 半干滤饼置于 50ml 三角瓶中，加入 6.5ml 2mol/L NaOH，2ml 氯代环氧丙烷及 15ml 56％二甲基亚砜，充分混匀，在 40℃振荡 2h，然后同

（1）法洗涤凝胶后尽快进行偶联。

2. 鸡卵黏蛋白与活化的载体 Sepharose-4B 偶联

将已活化好的 Sepharose-4B 转移到三角瓶中。用 10ml 0.2mol/L Na$_2$CO$_3$（pH9.5）缓冲液将上述制备好的卵黏蛋白溶解（或 10ml 0.1mol/L NaOH 溶解），取出 0.1ml 溶液稀释 20～30 倍，用紫外分光光度计测定卵黏蛋白的含量。剩余的溶液全部转移到三角瓶中与活化好的 Sepharose-4B 偶联。在 40℃恒温摇床振荡 24h 左右。偶联终止后，将凝胶倒入 G2 漏斗中抽干并用 100ml 0.5mol/L NaCl 溶液洗去未偶联上的蛋白质（收集滤液，测蛋白质含量及总活力，以计算偶联率），再用 100ml 蒸馏水淋洗。接着用 50ml 亲和洗脱液（0.1mol/L 甲酸-0.5mol/L KCl pH2.5）洗一次。最后用蒸馏水洗至中性，浸泡于亲和柱平衡液 0.05mol/L CaCl$_2$，0.1mol/L pH8.0 Tris-HCl 缓冲液中，放冰箱待用。

用溴化氰活化载体及偶联配基的方法见附录一。

（二）鸡卵黏蛋白的分离及纯化

1. 鸡卵黏蛋白的一些性质

鸡卵黏蛋白（ovomucoid）是一种糖蛋白，在中性及偏酸性溶液中对热及高浓度脲、有机溶剂，均有较高的耐受性，但在酸、碱条件下，易引起变性。Ovomucoid 带有 4 种糖基，因此有较强的吸水性。在 50％丙酮或 5％三氯乙酸盐的水溶液中，仍有较好的溶解度。所以，选择合适的 pH、丙酮浓度和三氯乙酸盐的浓度，可以从蛋清中除去大量的非卵黏蛋白。

由于 ovomucoid 所带的糖基不同，电泳行为呈现出不均一性，等电点为 3.9～4.5 并呈现出 4 条电泳条带，但它们在生物学功能上差异不大，在氨基酸组成上几乎无差异，相对分子质量约为 28 000。每 1mol 的卵黏蛋白分子能抑制 1mol 的胰蛋白酶。所以每毫克高纯度的卵黏蛋白能抑制约 0.84mg 的胰蛋白酶。Ovomucoid 在 280nm 处的百分消光系数 $A_{1\mathrm{cm},280}^{1\%} = 4.13$，即蛋白酶浓度为 1mg/ml 时，溶液的吸光度 $A_{280} = 0.413$，据此可以测定其溶液中蛋白质的含量。

2. Ovomucoid 的分离及粗品制备

取 2 只鸡蛋，得蛋清约 50ml，将其温热至 25℃左右，加入等体积 10 ％ pH1.0 的三氯乙酸溶液（配制三氯乙酸：称取 10g 三氯乙酸，用 70ml 蒸馏水溶解，再用 5mol/L NaOH 调 pH1.0 左右，最后加蒸馏水至 100ml），这时出现大量白色沉淀，充分搅匀后，测定溶液的 pH，此时溶液的 pH 应当是 3.5±0.2，若偏离此值，用 5mol/L HCl 或 5mol/L NaOH 溶液调 pH 至 3.5±0.2，注意在调 pH 时，要严防局部过酸或过碱。接着 25℃ 放置 4h 或过夜。次日用 4000～6000r/min 离心 20min，收集上清液，再用三层纱布过滤并检查滤液的 pH 是否仍为 3.5±0.2，若不是，则要调回到此范围内。然后将清液放冰浴冷却至 0℃，缓缓加入 3 倍体积预先冷却的丙酮，用玻璃棒搅拌均匀并用塑料薄膜盖好防止丙酮挥发，放冰箱或冰浴中 3～4h 后，离心 (3000r/min，15～20min) 收集沉淀 (上清液留待回收丙酮)。将沉淀抽真空去净丙酮，得到粗的卵黏蛋白。将其用 20ml 左右蒸馏水溶解。若溶解后的溶液浑浊，可用滤纸过滤或离心去掉不溶物。取上清液装透析袋，并对蒸馏水透析去除三氯乙酸 (或用 Sephadex G-25 凝胶层析柱脱盐去除三氯乙酸)。测定其抑制胰蛋白酶的比活力。若比活力大于 7000BAEE/mg，可直接用作亲和配基制备亲和吸附剂，否则应进一步纯化。

3. Ovomucoid 的纯化

DEAE-纤维素的处理：称取 10g DEAE-Cellulose 粉 (DE-32)，先用约 150ml 0.5mol/L NaCl-0.5mol/L NaOH 溶液溶胀 30min，用 G2 漏斗抽干并用去离子水冲洗至中性，转入烧杯中再用约 150ml 0.5mol/L HCl 浸泡 20min，再在 G2 漏斗中用蒸馏水洗至中性，最后用约 150ml 0.02mol/L pH7.3 Tris-HCl 缓冲液浸泡，抽真空去气泡后装柱 (2cm×20cm 柱)，并用同一缓冲液平衡一个床体积即可使用。

将粗的 ovomucoid 制品加入等体积的 0.02mol/L pH7.3 Tris-HCl 缓冲液后上柱吸附，并用同一缓冲液洗杂蛋白质至 A_{280}＜0.05 为止。最后用含 0.3mol/L NaCl 的上述 Tris-HCl 缓冲液洗脱。收集具有胰蛋白酶抑制活性的蛋白质峰。测定合并液的蛋白质含量及卵黏蛋白的比活性及总活力。

最后将其用蒸馏水透析 (或用 Sephadex G-25) 脱盐，精确调溶液 pH 为 4.0～4.5，加入 3 倍体积预冷的丙酮溶液，放冰箱或冰浴 3～4h，然后离心 (3000r/min，15～20min) 收集沉淀 (上清液回收丙酮)，真空下抽去丙酮即得卵黏蛋白干粉。如果将透析后溶液吹风浓缩，冰冻干燥则得海绵状松软白色干粉的卵黏蛋白。

（三）胰蛋白酶的纯化

1. 胰蛋白酶的粗提与活化

称取冷冻猪胰脏 100g，在 2～5℃ 下解冻，切成小块，用组织捣碎机中绞碎成胰浆，在 5～10℃ 存放 24h 以上，使胰酶自身活化。胰浆中加入 25％ (质量分数) 乙醇溶液 250ml (25％ 乙醇溶液中加 0.015mol/L HCl，0.05mol/L CaCl$_2$)，捣碎机中捣碎 1min。胰浆倒入 500ml 烧杯中，间隙搅拌，温度 20℃ 左

右，活化 5～6h，每隔 1.5h，吸取 2ml 活化液用于测定激活后的蛋白质含量和
酶活性。。

活化反应结束后，胰浆 3500r/min 离心 20min，将离心后上清液用两层纱布
过滤。滤液置 250ml 烧杯中，以过滤清液的体积为准，加入粉末状硫酸铵，搅
拌溶解，使溶液硫酸铵饱和度为 20％。放置 6h 后，3500 r/min 离心 20min，保
存上清液待用。取沉淀，沉淀分别用适量 95％乙醇洗涤、过滤，再用丙酮洗涤、
过滤。最后将沉淀置于表面皿上自然干燥，即得胰蛋白酶粗品Ⅰ。在上述离心上
清液中，加入粉末状硫酸铵，搅拌溶解，使上清液溶液达到 55％硫酸铵饱和度，
放置 6h 后，3500r/min 离心 30min，取离心沉淀，分别用适量 95％乙醇、丙酮
洗涤，过滤后将沉淀置于表面皿上自然干燥，即得胰蛋白酶粗品Ⅱ。

2. 胰酶的亲和层析

（1）装柱

层析柱（1.2cm×30cm）用水洗干净，柱的上端、下端连接塑料管，接上小
乳胶管，装上螺旋夹。将层析柱垂直装好，打开柱上端口，从柱底下出口管朝柱
内注入水，使柱底全部充满水而不留气泡，关闭柱出口。最终柱内留存有 1/4～
1/5 的水。从出口处接上一根直径 2 mm 细塑管，塑管另一端固定在柱的上端
部位。

轻轻搅动固定化卵黏蛋白的 Sepharose-4B 凝胶悬浮溶液，立即沿玻棒倒入
层析管内，让加入的凝胶在柱内自然沉降，待柱底面上积起 1～2cm 的凝胶床
后，打开柱出口水流。随着柱内水的流出，上面不断加入凝胶液，使形成的凝胶
床面上有凝胶连续下降（如果凝胶床面上不再有凝胶颗粒下降，应吸去清液，均
匀地将凝胶床搅起数厘米高后，再加凝胶悬浮液，不使形成断层面）。当凝胶沉
积到柱的顶端约 3cm 处，停止装柱，让柱内水面高于凝胶床界面 1cm 左右，用
眼睛观察柱内凝胶是否均匀，不应有气泡。

（2）平衡

柱装好后，使层析床稳定 15min. 然后用亲和层析柱平衡缓冲液洗柱平衡，
流速在 0.5ml/min 左右，将柱内亲和吸附剂中的游离蛋白质洗尽，洗至柱流出
液 A_{280} 值在 0.050 以下。

3. 亲和吸附

将（1）步骤提取保存待用的胰蛋白酶粗酶液或粗制品，留少许用于检测。
粗品用适量 0.1mol/L pH8.0 Tris－HCl 缓冲液溶解，溶解液稀释至 80ml，用
1mol/L NaOH 调整溶液至 pH7.5～8.0，滤纸过滤。取上清液上柱，进行亲和
吸附，流速 0.5ml/min。

4. 洗柱

吸附完毕，用 0.1mol/L pH7.5 Tris-HCl 缓冲液洗柱，开始流速 0.5ml/min，20min 后，控制流速 0.7ml/min，直至柱流出液 A_{280} 值小于 0.030。

5. 脱附

用 0.1mol/L pH2.5 甘氨酸缓冲液上柱脱附，流速 0.15ml/min，分部收集，每管收集 15min（约 2ml/管左右）。

6. 检测与收集

紫外吸收法检测蛋白含量：上面收集的各管脱附液于紫外分光光度计中依次测定 A_{280} 值，将初始峰值在 0.035 以上到峰尾数值在 0.070 左右的那部分收集管合并，作为胰蛋白酶洗脱含量较集中部分，进行胰蛋白酶活力测定和蛋白质含量测定。

附录 1　用溴化氰活化载体及偶联配基方法

1. 载体 Sepharose-4B 的活化

取 15ml 沉淀体积的 Sepharose-4B，抽滤成半干物，用约 10 倍体积 0.5mol/L NaCl 洗，再用 10～15 倍体积蒸馏水洗去其中的保护剂和防腐剂。抽干约得 8g 半干滤饼，放一小烧杯中，加入等体积的 2mol/L pH10.5 $NaHCO_3$ 缓冲溶液，外置一冰浴，在通风橱内于电磁搅拌器上轻轻地进行搅拌，然后再缓慢加 CNBr-乙腈溶液 3ml（含 CNBr 1g/ml 的乙腈），测 pH，通过逐滴加入 2mol/L NaOH，始终维持 pH 在 10.5 左右，待 CNBr-乙腈溶液加完并且 pH 不再明显变化时，即可终止反应（一般在 30～35min 内完成）。立即投入少许冰块，取出并迅速转移至 G2 玻璃烧结漏斗中抽滤，用大量冰水洗，最后用冷的 0.1mol/L pH9.5 $NaHCO_3$ 缓冲溶液洗，其用量为凝胶体积的 10～15 倍。接着抽干待用。

2. 鸡卵黏蛋白的偶联

将 30ml（约 0.5g 蛋白质）对 0.1mol/L pH9.5 $NaHCO_3$ 透析平衡过的鸡卵黏蛋白立即加入上述活化好的凝胶中，室温缓慢搅拌反应 6h，这一步动作要快，从载体活化后到加入配基的时间最好不超过 2min，因活化好的载体极不稳定，易变成无活性的产物。

反应 6h 后取出抽滤，先用大量去离子水洗，然后用 20ml 1mol/L 乙醇胺（pH 为 9～9.5）封闭残存的活性基团，室温搅拌反应 2h，抽滤。再用凝胶体积

2～3 倍的 0.2mol/L 甲酸和 0.1mol/L pH8.3 Tris-HCl 缓冲液交替洗涤，直到流出液中 A_{280}＜0.05 为止。抽干后用 0.05mol/L pH8.3 Tris-HCl 缓冲液浸泡，然后置冰箱中待用。

附录 2　酶活力的测定

1. 胰蛋白酶活力的测定

本实验以苯甲酰-L-精氨酸乙酯（BAEE）为底物，用紫外吸收法进行测定。方法如下。

取 2 个光程为 1cm 的带盖石英比色杯，先在一只杯中加入 25℃预热过的 2.0ml 缓冲液（0.05mol/L pH8.0 Tris-HCl Buffer，含 0.2％ CaCl₂）、0.2ml 0.001mol/L HCl，然后再加 0.8ml BAEE-0.05mol/L pH8.0 Tris-HCl Buffer（含 0.2％CaCl₂ 和 1mmol/L BAEE）作为空白，校正仪器的 253nm 处为光吸收零点。再在另一比色杯中加入 0.2ml 待测酶液（用量一般为 $10\mu g$ 结晶的胰蛋白酶），立即混匀并计时（杯内已有 2.0ml 缓冲液和 0.8ml BAEE 溶液）。每 0.5 分钟读数一次，共读 3～4min。若 $\Delta A_{253}/min$＞0.400，则酶液应当稀释或减量，控制 $\Delta A_{253}/min$ 为 0.05～0.100 为宜。

绘制酶促反应动力学曲线，从曲线上求出反应起始点吸光度随时间的变化率（即初速度）$\Delta A_{253}/min$。

胰蛋白酶活力单位的定义为：以 BAEE 为底物反应液，在 pH8.0、25℃、反应体积 3.0ml、光径 1cm 的条件下，测定 ΔA_{253}，每分钟使 ΔA_{253} 增加 0.001，反应液中所加入的酶量为一 BAEE 单位。所以：

$$胰蛋白酶溶液的活力单位（BAEE 单位/ml）= \frac{\Delta A_{253}(min)}{0.001 \times 酶液加入体积} \times 稀释倍数$$

$$胰蛋白酶比活力（BAEE 单位/mg）= \frac{酶液活力}{胰酶浓度（mg/ml）\times 酶液加入体积}$$

2. 卵黏蛋白抑制活性的测定

胰蛋白酶抑制活力单位的定义：抑制一个胰蛋白酶活力单位（BAEE 单位）所需卵黏蛋白的量，定为抑制剂的一个活力单位（BAEE|TIu）。

具体测定方法如下：首先以底物（不加酶）于 253nm 处校正仪器光吸收零点（操作如上述）；再测定标准酶的活力单位（操作如上述）；测定加入抑制剂后剩余酶活力单位；在比色杯中加入 0.2ml 上述标准酶液再加入适量的抑制剂（一般不能超过标准酶含量，以 1：2 左右为宜，具体视抑制剂的纯度而定），再加入 1.8ml 0.05mol/L pH8.0 Tris-HCl 缓冲液，摇匀后于 25℃放置 2min 以上，让酶与抑制剂充分结合。最后加入 0.8ml 底物（BAEE 溶液），摇匀立即计时，测定 A_{253} 的变化。计算剩余酶活力单位。

按下面方式计算出抑制剂的抑制活力和抑制比活力：

$$抑制剂溶液的抑制活力\ I_u = \frac{\Delta A_0 - \Delta A_i}{0.001} \times \frac{N_i}{V_i} \quad (BAEE\ 抑制单位/ml)$$

$$抑制比活力 = \frac{I_u}{加入抑制剂蛋白浓度(mg/ml)} \quad (BAEE\quad T\ Iu/mg)$$

式中，ΔA_0 为未加抑制剂时，酶每分钟 ΔA_{253} 增加值；ΔA_i 为加入抑制剂后，酶每分钟 ΔA_{253} 的增加值；N_i 为抑制剂溶液的稀释倍数；V_i 为测定时加入抑制剂的体积。

实验三　离子交换色谱分离氨基酸

一、实 验 目 的

（1）熟悉离子交换色谱技术的基本原理和方法；
（2）熟悉离子交换色谱分离氨基酸的基本原理和操作。

二、实 验 原 理

氨基酸是两性电解质，有一定的等电点，在溶液 pH＜pI 时带正电，pH＞pI 时带负电。故在一定的 pH 条件下，各种氨基酸的带电情况不同，与离子交换剂上的交换基团的亲和力亦不同，因而得到分离。

本实验选用 Dowex50 作为离子交换剂，它是含磺酸基团的强酸型阳离子交换剂，分离的样品为 Asp、Gly、His 三种氨基酸的混合液，这三种氨基酸分别属于酸性氨基酸、中性氨基酸和碱性氨基酸，它们在 pH4.2 的缓冲液中分别带负电荷和不同量的正电荷，与 Dowex50 的磺酸基团之间的亲和力不同，因此被洗脱下来的顺序亦不同，可以将三种不同的氨基酸分离开来，将各收集管分别用茚三酮显色鉴定。

三、试剂与器材

分光光度计，色谱柱（0.8cm×18cm），试管。
（1）0.1mol/L NaOH。

（2）氨基酸混合液：Asp、Gly、His 各 10mg 溶于 30ml 0.06mol/L pH4.2 柠檬酸钠缓冲液中。

（3）0.06mol/L pH4.2 柠檬酸钠缓冲液：取柠檬酸三钠 98.0g 溶于蒸馏水中，再加入 42ml 浓盐酸和 6ml 80％苯酚（现用可不加苯酚），最终加蒸馏水至 5000ml，用 pH 计调溶液 pH 至 4.2。

（4）茚三酮显色液：称取 85mg 茚三酮和 15mg 还原茚三酮，用 10ml 乙二醇溶解。

（5）Dowex50 的处理：Dowex50 用蒸馏水充分浸泡后，用 6mol/L HCl 浸泡煮沸 1h，然后用蒸馏水洗去 HCl 至树脂呈中性，换 15％NaOH 浸泡 1h，用蒸馏水洗去 NaOH 至树脂呈中性，最后用 pH4.2 柠檬酸钠缓冲液浸泡备用。

四、操 作 步 骤

（1）装柱前准备。用流水冲洗色谱柱，然后用蒸馏水冲洗，柱流水口装上橡皮管放入 2～3ml 蒸馏水，按压橡皮管内气泡，抬高流出管防止蒸馏水排空。

（2）装柱。将处理好的 Dowex50 悬液小心倒入色谱柱内，待 Dowex50 自然下沉至柱下部时，打开下端放出液体，再慢慢加入悬液至 Dowex50 沉积面离色谱柱上缘约 3cm 时停止。装柱时注意防止液面低于交换树脂平面以及气泡的产生。

（3）平衡。用 pH4.2 的柠檬酸钠缓冲液反复加在柱床上面，平衡 10min，最后接通蠕动泵，调节流速 1ml/min。

（4）加样。柱内缓冲液的液面与树脂平面相平，但勿使树脂露出液面，马上用乳头滴管滴加 7 滴样品在树脂平面上（注意不能使树脂平面被破坏），然后加少量缓冲液使样品进入柱内，反复两次，当样品完全进入树脂床后，接通蠕动泵，用 pH4.2 的柠檬酸钠缓冲液洗脱，部分收集器收集。

（5）收集与检测。取 12 支试管编号，每管加入茚三酮显色液 20 滴，依次收集洗脱液每管 2ml，混匀，置沸水浴 15min 取出，观色，用自来水冷却后在波长 570nm 处比色，当收集至第二洗脱峰出现时（茚三酮显色），即换用 0.1mol/L NaOH 溶液洗脱直至第三洗脱峰出现后，停止洗脱。

（6）树脂的再生。用 0.1mol/L NaOH 溶液洗脱色谱柱 10min。

（7）回收树脂。拔去橡皮接收管用洗耳球对着玻璃柱流出口将树脂吹入装树脂的小瓶内加入 0.1mol/L NaOH 浸泡。

（8）洗脱曲线的绘制。以吸光度为纵坐标，洗脱体积为横坐标绘制曲线。

五、结果与分析

分析洗脱曲线，讨论组分分离情况和实验注意事项。

实验四　SDS-PAGE 测定蛋白质分子质量

一、实验目的

（1）学习 SDS-PAGE 测定蛋白质分子质量的原理；

（2）掌握垂直板电泳的操作方法；

（3）运用 SDS-PAGE 测定蛋白质分子质量及染色鉴定。

二、实验原理

（1）带电质点在电场中向带有异相电荷的电极移动，这种现象称为电泳。电泳分类：移动界面电泳、区带电泳、稳态电泳。其中区带电泳是在半固相或胶状介质上加一个点或一薄层样品溶液，然后加电场，分子在支持介质上或支持介质中迁移。支持介质的作用主要是为了防止机械干扰和由于温度变化以及大分子溶液的高密度而产生的对流。区带电泳早期使用不同的支持介质有滤纸、玻璃珠、淀粉粒、纤维素粉、海砂、海绵、聚氯乙烯树脂；后期有淀粉凝胶、琼脂凝胶、醋酸纤维素膜；现在则多用聚丙烯酰胺（PAGE）和琼脂糖凝胶。

（2）PAGE 根据其有无浓缩效应，分为连续系统和不连续系统两大类。连续系统电泳体系中缓冲液 pH 及凝胶浓度相同，带电颗粒在电场作用下，主要靠电荷和分子筛效应。不连续系统中由于缓冲液离子成分、pH、凝胶浓度及电位梯度的不连续性，带电颗粒在电场中泳动不仅有电荷效应、分子筛效应、还具有浓缩效应、因而其分离条带清晰度及分辨率均较前者佳。

（3）SDS-聚丙烯酰胺凝胶电泳，是在聚丙烯酰胺凝胶系统中引进 SDS（十二烷基磺酸钠），SDS 能断裂分子内和分子间氢键，破坏蛋白质的二级和三级结构，强还原剂能使半胱氨酸之间的二硫键断裂，蛋白质在一定浓度的含有强还原剂的 SDS 溶液中，与 SDS 分子按比例结合，形成带负电荷的 SDS-蛋白质复合物，这种复合物由于结合大量的 SDS，使蛋白质丧失了原有的电荷状态形成仅保持原有分子大小为特征的负离子团块，从而降低或消除了各种蛋白质分子之间天然的电荷差异，由于 SDS 与蛋白质的结合是按质量呈比例的，因此在进行电泳时，蛋白质分子的迁移速度取决于分子大小。当分子质量为 $15\sim200\mathrm{kDa}$ 时，蛋白质的迁移率和分子质量的对数呈线性关系，符合下式：$logM_w = K - bX$，式中：M_w 为分子质量，X 为迁移率，k、b 均为常数，若将已知分子质量的标准蛋白质的迁移率对分子质量对数作图，可获得一条标准曲线，未知蛋白质在相同条件下进行电泳，根据它的电泳迁移率即可在标准曲线上求得分子质量。

SDS 电泳的成功关键之一是电泳过程中，特别是样品制备过程中蛋白质与 SDS 的结合程度。影响它们结合的因素主要有三个。

（1）溶液中 SDS 单体的浓度：当单体浓度大于 1mmol/L 时，大多数蛋白质与 SDS 结合的质量比为 1：1.4，如果单体浓度降到 0.5mmol/L 以下时，两者的结合比仅为 1：0.4，这样就不能消除蛋白质原有的电荷差别，为保证蛋白质与 SDS 的充分结合，它们的质量比应该为 1：4 或 1：3。

（2）样品缓冲液的离子强度：SDS 电泳的样品缓冲液离子强度较低，通常是 10～100mmol/L。

（3）二硫键是否完全被还原：采用 SDS-聚丙烯酰胺凝胶电泳法测蛋白质分子质量时，只有完全打开二硫键，蛋白质分子才能被解聚，SDS 才能定量地结合到亚基上而给出相对迁移率和分子质量对数的线性关系。因此在用 SDS 处理样品同时往往用巯基乙醇处理，巯基乙醇是一种强还原剂，它使被还原的二硫键不易再氧化，从而使很多不溶性蛋白质溶解而与 SDS 定量结合。有许多蛋白质是由亚基（如血红蛋白）或两条以上肽链（如胰凝乳蛋白酶）组成的，它们在 SDS 和巯基乙醇作用下，解离成亚基或单条肽链，因此这一类蛋白质，测定时只是它们的亚基或单条肽链的分子质量。已发现有些蛋白质不能用 SDS-PAGE 测定分子质量，如电荷异常或构象异常的蛋白质、带有较大辅基的蛋白质（某些糖蛋白）以及一些结构蛋白，如胶原蛋白等。一般至少采用两种方法测定未知样品的分子质量，互相验证。

（4）PAGE 电泳中各种成分及其作用

过硫酸铵：凝胶聚合的催化剂（过量会使离子强度升高）。

四甲基乙二胺：加速剂（碱性条件下容易聚合）。

丙烯酰胺与双丙烯酰胺：二者总浓度及相对比例决定凝胶的孔径、交联度、硬度及弹性。

浓缩胶：胶浓度低，交联度低，pH6.7，蛋白质带负电荷少，大孔胶。pH6.7 时，电极缓冲液中甘氨酸负离子解离较少（慢离子），氯离子是快离子，蛋白质迁移速率介于两者中间，局部电位梯度大（快离子移动快，形成局部低电导区，产生高电位，使移动加快），从而产生浓缩效应。

分离胶：胶浓度高，交联度高，pH8.0，蛋白质带负电荷多，小孔胶，pH8.0 时，电极缓冲液中甘氨酸负离子解离较多，与氯离子一样，迁移速度加快，蛋白质迁移速率最慢，局部电位梯度小。

三、实验材料、试剂和器材

1. 材料

低分子质量标准蛋白试剂盒，蛋白质样品。

2. 试剂

30％丙烯酰胺，10％SDS（十二烷基磺酸钠），1.5mol/L pH8.9 Tris-HCl 缓冲液，0.5mol/L pH6.8 Tris-HCl 缓冲液，10％过硫酸铵（AP），TEMED（四甲基乙二胺），样品缓冲液，固定液，染色液，脱色液，SDS 电极缓冲液，琼脂糖。

3. 器材

垂直板电泳装置，直流稳压电源，移液管，滤纸，微量注射器，大培养皿。

4. 部分凝胶制备

（1）分离胶：12.5％，分离胶缓冲液 3ml，丙烯酰胺贮备液 5ml，10％过硫酸铵 120μl，水 4ml，TEMED12μl，混匀后灌胶，水封。

（2）浓缩胶：5％，浓缩胶缓冲液 3ml，丙烯酰胺贮备液 1ml，10％过硫酸铵 60μl，水 2ml，TEMED 6μl。混匀，待分离胶凝固后，倒去水，灌胶。

四、实验步骤

（1）垂直电泳装置的装配：将玻璃板洗净晾干，在玻璃条两侧均匀涂抹凡士林后，夹在两玻璃板之间两侧，固定在灌胶支架上。

（2）灌胶：用琼脂凝胶将玻璃下端封好后，按比例配好的分离胶迅速加入玻璃板之间，高度约玻璃板的 2/3，加入少许水，静置 40min，待凝固后，倒出水，并用滤纸把剩余的水分吸干，按比例配好的浓缩胶，连续平稳地加入浓缩胶至边缘 5mm 处，迅速插入样梳，静置 40min，凝固后，在上槽内加入缓冲液后，拔出样梳。

（3）加样：取 10μl 标准蛋白溶解液于 EP 管内，再加入 10μl 2 倍样品缓冲液，上样量为 10μl。同样处理样品，用微量注射器距离槽底 1/3 处进样，加样前，样品在沸水浴中加热 30min，去掉亚稳态聚合。

（4）电泳：电泳槽内加入缓冲液，接通电源，进行电泳，开始电流恒定在 10mA，当进入分离胶后改为 20mA，溴酚蓝距离凝胶边缘 5mm 时，停止电泳。

（5）凝胶板剥离与染色：电泳结束后，撬开玻璃板，待凝胶板做好标记后放在大培养皿中，加入染色液，染色 1h 左右。

（6）脱色：染色后的凝胶板用蒸馏水漂洗数次，再用脱色染液脱色，直至蛋白质区带清晰。

五、实验结果及分析

（1）实验数据记录：记录各条带的迁移距离。计算相对迁移率，相对迁移率＝蛋白质分子迁移距离/染料迁移距离

（2）绘制标准曲线：以每个标准蛋白的分子质量对数对它的相对迁移距率作图的得到标准曲线。量出未知蛋白质的迁移率即可测出其分子质量。这样的标准曲线只对同一块凝胶上样品的分子质量测定才具有可靠性。

六、思　考　题

（1）在不连续体系 SDS-PAGE 中，当分离胶加完后，需在其上加一层水，为什么？

（2）样品溶解液中各种试剂的作用是什么？

（3）在不连续体系 SDS-PAGE 中，分离胶与浓缩胶中均含有 TEMED 和 AP，述其作用？

实验五　血清脂蛋白琼脂糖凝胶电泳

一、实　验　目　的

（1）掌握电泳的基本原理，了解电泳仪、水平电泳槽的基本结构与功能；

（2）熟悉琼脂糖凝胶电泳的基本过程与实验方法；

（3）了解血清脂蛋白变化的生理意义。

二、实　验　原　理

将血清脂蛋白用脂类染料（如苏丹黑或油红 O 等）进行预染。再将预染过的血清置于琼脂糖凝胶板上进行电泳分离。通电后，可以看出脂蛋白向正极移动，并分离为几个区带。

三、试剂与仪器

（1）巴比妥缓冲液（pH8.6，离子强度0.075）：为电极缓冲液，巴比妥钠15.4g，巴比妥2.76g，EDTA 0.292g，加水溶解后加水至1000ml。

（2）凝胶缓冲液（pH8.6）：称取三羟甲基氨基甲烷1.212g，EDTA 0.29g，NaCl 15.85g，加水溶解后加水至1000ml。

（3）琼脂糖凝胶：称取琼脂糖0.45g，三羟甲基氨基甲烷缓冲液50ml，加水50ml。

（4）水平电泳槽。

（5）电泳仪。

四、实 验 操 作

（1）预染血清：血清0.2ml于小试管中，与油红O应用液混合后置37℃水浴染色30min，然后离心（2000r/min，约5min）。

（2）制备琼脂糖凝胶板：将已配制的0.45％琼脂凝胶于沸水浴中加热融化，倒入平板电泳糟。

（3）加样：用微量取样器吸取经过预染的血清约15μl，注入凝胶板上的上样槽内。

（4）电泳：接通电源，电压为80V，经电泳45～55min，即可见分离之色带。

五、结果与分析

（1）正常人血清脂蛋白可出现三条区带，从阴极到阳极依次为β-脂蛋白（最深）、前β-脂蛋白（最浅）、α-脂蛋白（比前β-脂蛋白略深些），在原点处应无乳糜微粒。

（2）如果前β-脂蛋白比α-脂蛋白深，结合血清甘油三酯明显升高和胆固醇正常或略高，可以定为Ⅳ型高脂蛋白血症。

（3）如果β-脂蛋白区带比正常血清明显深染者，同时结合血清总胆固醇明显增高、甘油三酯正常者为Ⅱa型；若结合血清总胆固醇增高而甘油三酯略高的前β略溶者为Ⅱb型。

（4）结果β-和前β-两区带分离不开连在一起称"宽β区带"，结合血清甘油三酯和胆固醇均有所增高，可定为Ⅲ型。

（5）如果原点出现 CM、β、前 β 均正常或减低，结合血清甘油三酯明显升高，可定为 I 型。

六、注 意 事 项

（1）电泳样品要求为新鲜的空腹血清。

（2）如果需要保留电泳样本，可将电泳后的凝胶板放于清水中浸泡脱盐 2h，然后放于烘箱（80℃左右）烘干即可。

七、思　考　题

血清脂蛋白变化的生理意义？

第四章 综合性设计性实验

实验一 血清 γ-球蛋白的分离纯化与鉴定

一、实验目的

（1）综合利用所学的生物分离技术的各个手段，将血清中不同组分的蛋白质进行分离并纯化球蛋白；

（2）学会综合利用所学知识解决实际分离纯化过程中技术问题的方法。

二、实验原理

血清 $\begin{cases} 清蛋白 \\ 球蛋白——α_1、α_2、β、γ 球蛋白（本实验要求分离），分 4 部分 \end{cases}$

（1）粗提——盐析法。在蛋白质溶液中加入大量中性盐，以破坏蛋白质的胶体性，破坏其在溶液中的稳定因素（即破坏蛋白质表面的水化膜并中和蛋白质所带的电荷，从而使蛋白质从溶液中沉淀析出的方法称为盐析）。由于各种蛋白质的颗粒大小和亲水程度不同，所以盐析所需的盐浓度也不同。因此调节盐的浓度可使不同的蛋白质沉淀，从而达到分离的目的。① 清蛋白——在饱和 $(NH_4)_2SO_4$ 中沉淀；②球蛋白——在半饱和 $(NH_4)_2SO_4$ 中沉淀。

（2）凝胶层析。

（3）纯化——DEAE 阴离子交换层析（长柱，白）。蛋白质是两性电解质，有解离成阴离子和阳离子两种趋势。在某一 pH 下，其解离成阳离子和解离成阴离子的趋势相同，溶液呈电中性，此时 pH 称该蛋白质的等电点（pI）。蛋白质不同，pI 不同。在 pH6.5 的溶液中，血清白蛋白、α-球蛋白、β-球蛋白的 pI＜pH，故带负电荷，而 γ-球蛋白的 pI7.3，故带正电荷。

（4）浓缩。用葡聚糖凝胶 G-25 干胶吸水浓缩。注意：每次小量加入，防止一次加入过多把水全吸干。

三、实验操作

（1）取 1ml 血清于短试管中，逐滴加入饱和 $(NH_4)_2SO_4$ 溶液 1.0ml，边加边摇晃（避免局部浓度过高，清蛋白沉淀）。注意：一定是（NH₄）₂SO₄加入到血清中。混匀后，室温放置 10min，3000r/min，离心 10min。弃上清液，沉淀加 0.5～1.0ml 纯净水溶解。

（2）脱盐——短柱。层析柱上端的液面刚好下降到凝胶表面时，将螺旋夹拧紧。将（1）所得球蛋白小心加入层析柱（打开螺旋夹），用适量 NH₄Ac 小心冲洗管壁上的蛋白质，然后在层析柱上端不断加入 NH₄Ac，保持一定的液面高度勿干。同时，用带刻度试管收集流出的液体，每收集 1ml，用玻片接 1 滴加入 1 滴 20%硫磺酸试之，检测有无蛋白质流出（有蛋白质呈现白色混浊）。注意：检测时必须在玻片上进行，不要将硫磺酸滴入试管，造成污染。

证明有蛋白质流出时，换一试管收集，每收集 1ml，换一试管，并不断检测，直至白色沉淀变弱，停止收集（一般可收集 2～3 管）。

（3）纯化。上样及收集同（2），此步蛋白质出现稍晚，要有耐心（3～4ml）。

（4）浓缩。利用 G-25 干胶膨胀吸水特性进行。不称量干胶，而是向收集的蛋白质溶液中少加、慢加干胶，使其充分膨胀后再加，直至剩下液体有 0.5cm 高度（注意此步用短试管）。3000r/min，离心 5min，用滴管吸至另一试管，留待电泳鉴定。注意：一定要少加、慢加。上样前首先要对层析柱进行再生。用含 NaCl 的 NH₄Ac 洗 3～5 遍，然后用不含 NaCl 的 NH₄Ac 洗脱液平衡柱子 3～5 次。整个实验过程，柱子顶端保留一定高度的液面。平衡后用夹子夹住下端。实验中用到离心机，注意称量配平，并对称放置。长试管换成短试管。

（5）利用醋酸纤维素薄膜电泳检测血清分离纯化的效果，实验参见附件，需注意：做 3 个血清蛋白对照，点样时勿太多，γ-球蛋白可用 3 张小滤纸片一起点样，增加点样量。

附件　血清蛋白质醋酸纤维素薄膜电泳

（一）实 验 目 的

（1）掌握电泳的基本原理，了解电泳仪、电泳槽的基本结构与功能；
（2）熟悉电泳的基本过程。

（二）实 验 原 理

血清中各种蛋白质的等电点不同，在同一高于其等电点的 pH 缓冲液中，它们都带负电荷，但电荷数量不同。同时，各种蛋白质的分子大小不一，所以在同一电场的电泳迁移率不同。在醋酸纤维素薄膜上可分为五条区带，电泳迁移率最大的是白蛋白，其后依次为 α_1、α_2、β 和 γ 球蛋白。经染色后用洗脱法测定各种蛋白质的百分含量，也可在染色后经透明处理直接在光密度计上扫描定量。

（三）仪器与试剂

（1）巴比妥-巴比妥钠缓冲液（pH 为 8.6 ± 0.1、$I = 0.06$）：称取巴比妥 2.21g、巴比妥钠 12.36g 于 500ml 蒸馏水中，加热溶解，待冷却至室温后，再用蒸馏水补足至 1L。

（2）染色液。

① 丽春红 S 染色液：称取丽春红 S 0.4g 及三氯乙酸 6g，用蒸馏水溶解，并稀释至 100ml。

② 氨基黑 10B 染色液：称取氨基黑 10B 0.1g，溶于无水乙醇 20ml 中，加冰乙酸 5ml、甘油 0.5ml，使溶解，然后将磺柳酸 2.5g 溶于少量蒸馏水中，加入前液，再以蒸馏水补足至 100ml。

（3）漂洗液。

① 3%（V/V）乙酸溶液：适用于丽春红染色的漂洗。

② 甲醇 45ml、冰乙酸 5ml 和蒸馏水 50ml，混匀。适用于氨基黑 10B 染色的漂洗。

（4）透明液：称取柠檬酸（$C_6H_5Na_3O_7 \cdot 2H_2O$）21g 和 N-甲基-2-吡咯烷酮 150g，以蒸馏水溶解，并稀释至 50ml。亦可选用十氢萘或液体石蜡透明。

（5）0.4mol/L 氢氧化钠溶液。

（6）实验器材：电泳槽、电泳仪、脱色摇床、染缸、滤纸、醋酸纤维素薄膜、点样器。

（四）实 验 操 作

（1）准备：将巴比妥缓冲液加入电泳槽的电极室内，使正负极室的液面等高，电泳支架宽度正好适合醋酸纤维素膜的长度，用四层纱布或滤纸做盐桥，一端浸入缓冲液中，一端搭在支架上。

（2）浸膜：先于膜条无光泽面距一端 1.5cm 处用铅笔轻划一直线（点样线），再将薄膜无光泽面向下浸泡于巴比妥缓冲液中，浸透为止（10～20min），当膜条无可见的白斑或点状的不透明区时，取出，将薄膜无光泽面向上，平放于干净滤纸上，薄膜上再放一张干净滤纸轻轻吸去多余的缓冲液。

（3）点样：用滴管吸取待测血清一滴于玻璃片上，用点样器或宽 1.5cm 的

X 光软片末端处蘸取样品，加到薄膜点样线上。

（4）平衡：将膜条无光泽面向下置于电泳槽支架上，点样端靠近负极，薄膜两端要紧贴纱布或滤纸，中间平直悬空，加盖密封，平衡 5min。

（5）电泳：将电泳槽正负极分别与电源正负极接好。开启电源，调节电流密度为 0.5mA/cm，如有 10 条宽 2cm 的膜条，其总宽度为 20cm，应使用电流强度为 20cm×0.5mA/cm＝10mA。电压 15V/cm。通电 50min 左右，使电泳区带展开 3～3.5cm。关闭电源。

（6）染色：取下薄膜直接浸于丽春红 S 或氨基黑 10B 染色液中，染色 5～10min（以蛋白质带染透为止），然后在漂洗液中漂去剩余染料，直至背景无色为止。漂洗液可回收。

（7）定量。

① 洗脱法：将漂洗净的薄膜吸干，剪下各染色的蛋白质区带放入相应的试管内，在白蛋白管内加 0.4mol/L 氢氧化钠 6ml（计算时吸光度乘以 2），其余各加 3ml，振摇数次，置于 37℃水箱 20min，使其色泽浸出，氨基黑 10B 染色用分光光度计，在 600～620nm 处读取各管吸光度，然后计算出各自的含量（同时做空白对照）。

丽春红 S 染色，浸出液用 0.1mol/L 氢氧化钠，加入量同上，10min 后，向白蛋白内加 40%（V/V）乙酸 0.6ml（计算时吸光度乘以 2），其余各加 0.3ml，以中和部分氢氧化钠，使色泽加深，必要时要离心沉淀，取上清液用分光光计在 520nm 处，计取各管吸光度，然后计算出各自的含量（同时做空白对照）。

② 光密度计扫描法：

透明：吸去薄膜上的漂洗液（为防止透明液被稀释影响透明结果），将薄膜浸入透明液中 2～3min（延长一些时间亦无碍）。然后取出，以滚动方式平贴于洁净无划痕的载物玻璃片上（勿产生气泡），将此玻璃片竖立片刻，除去一定量透明液后，置已恒温 90～100℃烘箱内烘烤 10～15min，取出冷至室温。用此法透明的各蛋白质区带鲜明，薄膜平整，可供直接扫描和永久保存（用十氢萘或液体石蜡透明，应将漂洗过的薄膜烘干后进行透明，此法透明的薄膜不能久藏，且易发生皱折）。

扫描定量：将已透明的薄膜放入全自动光密度计或其他光密度计暗箱内，进行扫描分析。

（五）注 意 事 项

（1）每次电泳时应交换电极可使两侧电泳槽内缓冲液的正、负离子相互交换，使缓冲液的 pH 维持在一定水平。然而，每次使用薄膜的数量可能不等，所以其缓冲液经 10 次使用后，最好将缓冲液弃去。

（2）电泳槽缓冲液的液面要保持一定高度，过低可能会出现 γ-球蛋白的电渗现象（向阴极移动）。同时电泳槽两侧的液面应保持同一水平面，否则，通过薄膜时有虹吸现象，将会影响蛋白质分子的泳动速度。

（3）电泳失败的原因：①电泳图不整齐；点样不均匀，薄膜未完全浸透或温度过高致使膜面局部干燥或水分蒸发、缓冲液变质；电泳时薄膜放置不正确使电流方向不平行；②蛋白质各组分分离不佳；点样过多、电流过低、薄膜结构过分细密、透水性差、导电差等引起；③染色后白蛋白中间着色浅；由于染色时间不足或染色液陈旧所致；若因蛋白质含量高引起，可减少血清用量或延长染色时间，一般以 2min 为宜，若时间过长球蛋白百分比上升，A/G 比值会下降；④薄膜透明不完全；温度未达到 90℃ 以上将标本放入烘箱，透明液陈旧和浸泡时间不足等；⑤透明膜上有气泡；玻璃片上有气泡；玻璃片有油脂，使薄膜部分脱开或贴膜时滚动不佳。

实验二　溶菌酶的制备及其性质

一、实 验 目 的

（1）掌握溶菌酶的制备技术；

（2）熟练掌握与酶分离纯化有关的技术手段。

二、实 验 原 理

溶菌酶（lysozyme）是由弗莱明在 1922 年发现的，它是一种有效的抗菌剂，全称为 1,4-β-N-溶菌酶，又称作黏肽 N-乙酰基胞壁酰水解酶或胞壁质酶。活性中心为天冬氨酸$_{52}$和谷氨酸$_{35}$，是一种糖苷水解酶，能催化水解黏多糖的 N-乙酰氨基葡萄糖（NAG）与 N-乙酰胞壁酸（NAM）间的 β-1,4 糖苷键，分子质量为 14 700Da，由 129 个氨基酸残基构成，由于其中含有较多碱性氨基酸残基，所以其等电点高达 10.8 左右，最适温度为 50℃，最适 pH 为 6～7。在 280nm 的消光系数 $[A_{1cm}^{1\%}]$ 为 13.0。该酶活性可被一些金属离子，如 Cu^{2+}、Fe^{2+}、Zn^{2+}（10^{-5}～10^{-3}mol/L）以及 N-乙酰葡萄糖胺所抑制，能被 Mg^{2+}、Ca^{2+}（10^{-5}～10^{-3}mol/L）、NaCl 所激活。

溶菌酶广泛存在于动植物及微生物体内，鸡蛋（含量为 2%～4%）和哺乳动物的乳汁是溶菌酶的主要来源，目前，溶菌酶仍属于紧俏的生化物质，广泛应用于医学临床，具有抗感染、消炎、消肿、增强体内免疫反应等多种药理作用。

溶菌酶常温下在中性盐溶液中具有较高天然活性，在中性条件下溶菌酶带正电荷，因此在分离制备时，先后采用等电点法，D152 型树脂柱层析法除杂蛋白质，再经 Sephadex G-50 层析柱进一步纯化。最后用 SDS-PAGE 鉴定为一条带。采用福林酚法测蛋白质含量，分光光度法测定酶活性。

三、试剂、材料和仪器

1. 实验器材

循环水式真空泵；蛋白质紫外检测仪；记录仪；紫外分光光度计；梯度混合器（500ml）；751 型光分光光度计；冰冻离心机；冰箱；透析袋；酸度计；部分收集器；恒流泵；圆盘电泳装置；恒温水浴锅；层析柱（2.6cm × 50cm 或 1.6cm × 30cm）；布氏漏斗（500ml）；吸滤瓶（1000ml）；G-3 砂芯漏斗（500ml）。

2. 实验试剂

（1）鸡蛋清（鲜鸡蛋）；

（2）底物微球菌粉；

（3）D152 大孔弱酸性阳离子交换树脂；

（4）固体氯化钠（NaCl）、固体硫酸铵（$NH_4)_2SO_4$、固体磷酸氢二钠（$Na_2HPO_4 \cdot 12H_2O$）、固体磷酸二氢钠（$NaH_2PO_4 \cdot 2H_2O$）、固体磷酸钠（Na_3PO_4）；

（5）乙醇、蒸馏水、甲醇、考马斯亮蓝、三氯乙酸、丙酮；

（6）溶菌酶标准品、SephadexG-50；

（7）N-乙酰葡萄糖胺、硫酸铜、硫酸亚铁、硫酸锌、氯化镁、氯化钙、氢氧化钠、盐酸；

（8）SDS 聚丙烯酰胺凝胶电泳试剂（见第三章实验四）、蛋白质含量测定（福林法）试剂；

（9）聚乙二醇-2000、两性电解质。

四、实验操作

1. 蛋清的制备

将四五个新鲜的鸡蛋两端各敲一个小洞，使蛋清流出（鸡蛋清 pH 不得小于 8），轻轻搅拌 5min，使鸡蛋清的稠度均匀，用两层纱布过滤除去脐带块，量体积约为 100ml.

2. 鸡蛋清粗分离

按过滤好的蛋清量，边缓慢搅拌边加入等体积的去离子水，均匀后在不断搅拌下用 1mol/L HCl 调 pH 至 7 左右，用脱脂纱布过滤收滤液。

3. D152 大孔弱酸性阳离子交换树脂层析

(1) D152 树脂处理：将 D152 树脂先用蒸馏水洗去杂物，滤出，用 1mol/L NaOH 浸泡并搅拌 4～8h，抽滤干 NaOH，用蒸馏水洗至近 pH7.5，抽滤干，再用 1mol/L HCl 按上述方法处理树脂，直到全部转变成氢型，抽滤干 HCl，用蒸馏水洗致近 pH5.5，保持过夜，如果 pH 不低于 5.0，抽滤干 HCl，用 2mol/L NaOH 处理树脂使之转变为钠型，pH 不小于 6.5。吸干溶液，加 pH6.5 0.02mol/L 的磷酸盐缓冲液平衡树脂。

(2) 装柱：取直径 1.6cm，长度为 30cm 的层析柱，自顶部注入经处理的上述树脂悬浮液，关闭层析柱出口，待树脂沉降后，放出过量的溶液，再加入一些树脂，至树脂沉积至 15～20cm 高度即可。于柱子顶部继续加入 pH6.5 0.02mol/L 磷酸盐缓冲液平衡树脂，使流出液 pH 为 6.5 为止，关闭柱子出口，保持液面高出树脂表面 1cm 左右。

(3) 上柱吸附：将上述蛋清溶液仔细直接加到树脂顶部，打开出口使其缓慢流入柱内，流速为 1ml/min。

(4) 洗脱：用柱平衡液洗脱杂蛋白，在收集洗脱液的过程中，逐管用紫外分光光度计检验杂蛋白的洗脱情况，当基线开始走平后，改用含 1.0mol/L NaCl 的 pH6.5，浓度为 0.02mol/L 磷酸钠缓冲液洗脱，收集洗脱液。

(5) 聚乙二醇浓缩：将上述洗脱液合并装入透析袋内，置于容器中，外面覆以聚乙二醇，容器加盖，酶液中的水分很快就被透析膜外的聚乙二醇所吸收。当浓缩到 5ml 左右时，用蒸馏水洗去透析膜外的聚乙二醇，小心取出浓缩液。

(6) 透析除盐：蒸馏水透析除盐 24h。

4. SephadexG-50 分子筛柱层析

(1) 装柱：先将用 20％乙醇保存的 SephadexG-50 抽滤除去乙醇，用 6g/L NaCl 溶液搅拌 SephadexG-50 数分钟，再抽滤，反复多次直至无醇味为止（如果 SephadexG-50 是新的，则按第一部分 4.4.3 的方法处理凝胶）。加入 1/4 胶体积的 6g/L NaCl 溶液，充分搅拌，超声除去气泡，装入玻璃层析柱（1.6cm×50cm），柱床 45cm。

(2) 上样：参照第三章的实验一。

（3）洗脱：样品流完后，先分次加入少量 6g/L NaCl 洗脱液洗下柱壁上的样品，连接恒流泵，使流速为 0.5ml/min，用部分收集器收集，每 10min 一管。

（4）聚乙二醇浓缩：合并活性峰溶液，用聚乙二醇浓缩到 5ml 左右时，用蒸馏水洗去透析膜外的聚乙二醇，小心取出浓缩液。

（5）透析除盐：蒸馏水透析除盐 24h。收集透析液，量取体积。

5. 溶菌酶活力测定

（1）酶液配制：准确称取溶菌酶样品 5mg，用 0.1mol/L，pH6.2 磷酸缓冲液配成 1mg/ml 的酶液，再将酶液稀释成 50μg/ml。

（2）底物配制：取干菌粉 5mg 加上述缓冲液少许，在乳钵中（或匀浆器中）研磨 2min，倾出，稀释到 15～25ml，此时在光电比色仪上的吸光度最好为 0.5～0.7。

（3）活力测定：先将酶和底物分别放入 25℃恒温水浴预热 10min，吸取底物悬浮液 4ml 放入比色杯中，在 450nm 波长读出吸光度，此为零时读数。然后吸取样品液 0.2ml（相当于 10μg 酶），每隔 30s 读 1 次吸光度，到 90s 时共计下 4 个读数。

活力单位的定义是：在 25℃，pH6.2，波长为 450nm 时，每分钟引起吸光度下降 0.001 为 1 个活力单位。

酶的活力单位数 $= \Delta A_{450} / (t \times 0.001)$

比活力 = 酶的活力单位数/mg 蛋白质

6. 蛋白质含量的测定

采用 Folin-酚试剂法进行测定。

7. 纯度检测

采用 SDS-聚丙烯酰胺凝胶电泳方法（参见第三章实验四）。

8. 理化和酶学性质的测定

学生可根据酶纯化和活力测定的结果，运用已掌握的生化知识和实验技能自行设计方案进行探索研究。

五、结果与分析

按表 2-4-1 的要求记录实验结果并讨论实验的效果。

表 2-4-1　主要实验数据记录

步骤项目	体积/ml	总蛋白量/mg	总活力单位	比活力/(单位/mg)	回收率/%
1. 制备蛋清					
2. 溶菌酶分离					
3. D152 树脂柱层析					
4. SephadexG-50 层析					

六、思　考　题

（1）请说出其他提取和纯化溶菌酶的方法。请写出相关的方法及原理。

（2）根据自身的实验体会，写出优化本实验的措施。

实验三　超氧化物歧化酶 SOD 的分离纯化技术

一、实　验　目　的

（1）掌握绿豆 SOD 的分离纯化技术；

（2）理解酶纯化的效果与纯化过程之间的关系；

（3）理解凝胶排阻层析的原理，掌握葡聚糖凝胶色谱的装柱、上样、洗脱技术。

二、实　验　原　理

（1）利用机械匀浆法进行细胞破碎，过滤和离心法进行固液分离，硫酸铵盐析法进行粗分离，透析法除盐及浓缩，最后利用凝胶排阻层析法进行精制纯化。

（2）凝胶排阻层析的原理：利用凝胶的网状结构根据分子大小进行分离的一种方法。其基本原理是含有尺寸大小不同分子的样品进入层析柱后，较大的分子不能通过孔道扩散进入凝胶珠体内部，较小的分子可以通过部分孔道，更小的分子可通过任意孔道扩散进入珠体内部，从而使得小分子移动最慢，中等分子次之，不同分子尺寸的分子先后顺序不同流出层析柱，达到分离的目的。

三、材料、试剂和仪器（本实验设计为 12 组学生同时进行）

1. 材料

绿豆种子：市售新鲜绿豆种子蒸馏水浸泡 24h 备用。

2. 试剂

葡聚糖（SephadexG-100）100g，NaCl（AP）5×500g，磷酸氢二钠（AP）5×500g，磷酸二氢钠（AP）5×500g，三羟甲基氨基甲烷（Tris）3×500g，盐酸（浓盐酸）3×500ml，硫酸铵（AP）10×500g，PEG6000 5×500g，考马斯亮蓝 G250 10g，磷酸 2 瓶，乙醇（95%）10 瓶，牛血清白蛋白（BSA）5g，连苯三酚（焦性没食子酸）最小包装，甲硫氨酸（methionine）100g，氮蓝四唑nitroblue tetrazdinna，NBT）3g，核黄素（最小包装），EDTA（钠盐）100g。

3. 实验仪器

（1）紫外可见分光光度计：6 台。

（2）柱层析装置（15 套）：包括层析柱、恒压洗脱瓶，每套可按以下规格准备各个部件。

① 玻璃层析柱（1.5cm 直径，40cm 长），上配合适胶塞，胶塞钻孔配玻璃管。

② 长玻璃棒（50cm 长），细玻璃管（30cm），细长滴管（2 个），锥形瓶（100ml 5 个），恒压洗脱瓶，软胶管（2m）。

（3）试管：14 组，每组需要 50 支 10ml 试管。

（4）匀浆机（家用小型匀浆机，3 台）。

（5）细纱布（40cm×40cm，每组 4 张）。

（6）漏斗（每组大小各 1 个）。

（7）滤纸（定性，快速，每组 5 张）。

（8）透析袋（常规即可，共 18m）。

（9）移液管：10ml、5ml、1ml、0.5ml 每组各 2 支。

（10）移液枪（50μl 或 100μl 6 支；1ml 6 支；3ml 6 支）。

（11）电子天平：毫克级。

四、实验过程

1. 植物材料破碎及硫酸铵分级分离、透析除盐和浓缩

内容包括植物材料的破碎；固液分离方法；分级沉淀（硫酸铵或有机溶剂分级分离）；粗提物的透析除盐和浓缩。

（1）每组 30g 绿豆，洗涤，蒸馏水浸泡过夜，加入 300ml pH7 0.05mol/L pb 液，匀浆机匀浆，两层纱布过滤，离心（3000r/min）得上清液，取少量上清液进行 SOD 活性及蛋白质含量测量，计算材料中 SOD 总活性单位及比活性单位（units/mg Pr）（用连苯三酚自氧化法或 NBT 光化还原法，测量 SOD 的活力，测量方法见本实验附录）。

（2）上述过滤液测量其总体积，缓慢加入硫酸铵至 40% 饱和度（过程充分搅拌）（查一般实验手册，0℃时需要加入约 226g/L 上清液），5℃冰箱中静置备用于下一实验。

（3）离心得上清液测量其体积，缓慢加入硫酸铵至 60% 饱和度（过程充分搅拌）（0℃时，在上述 40% 饱和度基础上需要再加入约 120g/L 上清液），5℃静置 8h 以上至分层澄清，离心除去上清液，得沉淀。

（4）准备透析袋：透析袋事先预处理，Na_2CO_3 10g/L，EDTA 1mmol/L 煮沸 30min，蒸馏水洗涤，并浸泡于 5℃中备用。

（5）清液沉淀测量总体积，装入透析袋中，注意不要装得太满，不要超过透析的体积的一半，于 0.05mol/L pb 中透析过夜，透析过程如果有条件应保持透析液流动，并每 3h 换 1 次透析液。

（6）透析后溶液用滤纸过滤得上清液，重新装入透析袋中，用 PEG6000 包埋进行浓缩约 12h。过滤浓缩液，得清液，测量总体积。

要求：测量粗提取液、30% 饱和度沉淀后清液、60% 硫酸铵后的沉淀物、浓缩液四个时期组分的总体积、SOD 活性、蛋白质含量，计算总酶活和比活性的变化，评价各提取步骤的活性得率及提取效率。

2. 葡聚糖凝胶层析分离纯化 SOD 分离效果及产品质量分析

A. 葡聚糖的预处理

（1）水中膨化：根据其吸水率加入适量（大于吸水率）蒸馏水，在 20℃条件下需 24h；如果加热煮沸，膨化时间会大大缩短，一般在 4h 即可完成，而且煮沸也可以去除凝胶颗粒中的气泡。应注意尽量避免在酸或碱中加热，以免凝胶被破坏。吸水率较大的凝胶（即型号较大、排阻极限较大的凝胶）膨化时间较长。

（2）排除凝胶中气泡：膨化处理后，通过抽气或加热煮沸的方法排除气泡。

B. 装柱

（1）先向柱内加满洗脱剂，检查是否漏水；再打开出液口，排出里面的气泡，特别是要排除床底支持物上的气泡。关闭出液口，使柱中洗脱剂的体积约占总柱体积的15%。

（2）调节有利于装柱的凝胶浆稀稠度，适当稀释有利于装柱过程中气泡的排除，但稀释度太高则一次装柱的高度不够。

（3）将一根直径稍小的玻璃棒插入层析柱底部，沿玻璃棒将胶浆徐徐注入柱内，一边灌胶，一边提起玻棒。注意避免产生气泡。柱要一次装完。

（4）柱装好后，静置10min，然后打开出液口，排出过量洗脱剂。

（5）柱内胶面上部保留2～3cm洗脱剂。再将恒压洗脱剂瓶与柱上端相连。流过至少2倍柱体积的洗脱剂之后，流速开始稳定下来（层析柱平衡过程，1ml/min，1.5h）。

（6）调节恒压洗脱剂瓶的高低位置，得到理想流速（1ml/min）。

C. 加样

上述浓缩液过滤后得上清液加样，要尽量快速、均匀。一般分级分离时加样体积为凝胶柱床体积的1%～5%（质量分数）加样应加于柱中心，避免沿柱壁加入。

D. 洗脱（pH 7.0，0.02mol/L 磷酸缓冲液）

洗脱速度也会影响凝胶层析的分离效果，一般洗脱速度要恒定而且合适。保持洗脱速度恒定通常有两种方法，一种是使用恒流泵，另一种是恒压重力洗脱。洗脱速度取决于很多因素，包括柱长、凝胶种类、颗粒大小等，一般来讲，洗脱速度慢一些样品可以与凝胶基质充分平衡，分离效果好。但洗脱速度过慢会造成样品扩散加剧、区带变宽，反而会降低分辨率，而且实验时间会大大延长（这里采用1ml/min，一般每一收集部分不大于2ml，收集液总体积为柱床总体积的1.2倍即完成收集）。

E. 结果分析

（1）每一组分测量其 A_{280} 吸收作为蛋白质含量的相对值，绘出洗脱曲线；

（2）每一组分测量其 SOD 活性，绘出活性物质洗脱曲线；

（3）根据 SOD 活性分布决定收集洗脱液的部分，收集活性峰所在试管的洗脱液；

（4）对 SOD 纯化率及得率进行分析并完成实验报告。

3. 除盐浓缩及冷冻干燥，分离效果及产品质量分析

除盐浓缩及冷冻干燥：透析除盐，PEG6000 浓缩，加入 0.1%（W/V）环已糊精于冷冻干燥器中干燥，得到干品称重，测量蛋白质含量和 SOD 活性，计算比活力，分析 SOD 提纯过程的得率、效率及技术上的要点或教训。

附件 1 利用连苯三酚自氧化测 SOD 活性的方法

（一）溶液配制

（1）连苯三酚：630mg 100ml 10mmol/L HCl（0.085ml 36％的浓 HCl，用蒸馏水配成 100ml）。共配 500ml。

（2）pH8.30 50mmol/L Tris-HCl：

贮备液 A（0.1mol/L Tris）：12.114g 定容到 1000ml；

贮备液 B（0.1mol/L HCl）：由浓盐酸稀释得到，取 8.5ml 36％的浓 HCl，用蒸馏水定容到 1000ml。

50ml A＋19.9ml B，定容到 100ml。共配 6000ml。

（二）测量过程

25℃，3ml 50mmol/L pH8.30 的 Tris-HCl 缓冲液，加入 $10\mu l$ 50mmol/L 连苯三酚（具体加入量应每次测量前校正，加入的原则是使 325nm 的吸光值 A_{325} 变化控制在 0.07/min 左右），迅速摇匀，倒入光径 1cm 的比色杯（应该用石英比色杯）中，每 30s 测一次 A_{325} 值，自氧化速率的变化（ΔA）控制在 0.07/min 左右，加入酶液后再测连苯三酚自氧化速率的变化（$\Delta A'$），酶量的加入控制在使加样后的 $\Delta A'$ 在 0.035/min 左右（以上 ΔA 和 $\Delta A'$ 的变化值不需要特别严格，ΔA 只要控制在 0.04～0.1，$\Delta A'$ 变化在 ΔA 的约一半左右即可）。

SOD 酶活力单位的定义（连苯三酚单位）：在以上条件下，加入酶如果在一分钟时间能抑制连苯三酚自氧化速率的一半，此时所加的酶量就为一个 SOD 的酶活性单位（unit，U）。

加入酶量相当的酶活力单位(unit)＝$[(\Delta A-\Delta A')/\Delta A]\times 2$

提取液的总活力（或材料总活力）（unit）＝加入酶量相当的酶活力单位×提取液总体积/测量时取样液体积

比活力(units/mgPr)＝总活力(units)/总蛋白质量(mg)

思考并回答：

（1）控制不加 SOD 时的 OD 值变化在 0.07/min 左右。

（2）加 SOD 酶量控制在加酶后使 OD 值的变化为 0.035～0.04/min。

（3）理解一个酶活性单位的定义。

（4）提取过程应该在每一步骤测量总活力和比活力，为什么（总酶活及比活在酶的分离提纯过程中的意义）？

附件 2　NBT 光化还原法测 SOD 活性

（一）试 剂 配 制

（1）甲硫氨酸（methionine）：215.6mg 定容到 100ml；
（2）NBT：9.2mg 溶于 5ml 磷酸缓冲液中（用时现配）；
（3）核黄素：1.13mg 定容到 50ml；
（4）EDTA（一般用 EDTA-Na$_2$）：87.68mg 定容到 50ml。
以上溶液全部用 pH7.8 0.05mol/L 的磷酸缓冲液配制。

（二）测 量 过 程

每 3ml 反应液中含有：甲硫氨酸 2.7ml（13mmol），NBT 100μl（63μmol），核黄素 100μl（1.3μmol），EDTA 100μl，加酶液后于 4000lx 光照 15min，以不加酶液的反应液为对照（空白 A_{560}），以不照光不加酶液的反应液调节零点，测 A_{560}（空白 A_{560} 控制在 0.5 左右，加酶液量控制在使 A_{560} 在 0.25 左右）

酶活单位(units/ml)＝［(空白 A_{560}－A_{560})/空白 A_{560}］×2/加样体积(ml)

附件 3　Bradford 法测定蛋白质的含量

（一）实 验 原 理

（1）考马斯亮蓝具有红色和蓝色两种色调，在酸性溶液中以游离态存在时呈棕红色，当它与蛋白质通过疏水作用结合后变为蓝色（在 595nm 处有最大吸收值）。该反应灵敏度很高，反应速度快，约在 2min 左右达到平衡，在室温 1h 内稳定。在 0.001～1.0 mg 范围内，蛋白质浓度与 A_{595} 值呈正比，因此可用于蛋白质的定量测定。

（2）一些阳离子（如 K$^+$、Na$^+$、Mg^{2+}）、(NH$_4$)$_2$SO$_4$、乙醇等不干扰测定，而大量去污剂，如 Triton X-100、SDS 等严重干扰测定，少量去污剂可通过用适当的对照而消除。

（二）仪器及试剂

1. 实验仪器

分光光度计、试管及试管架、比色皿、移液管、移液枪。

2. 实验材料与试剂

（1）考马斯亮蓝 G-250（0.01％，W/V）：100mg 考马斯亮蓝 G-250 溶于 50ml 95％的乙醇中，加入 100ml 85％的磷酸，将溶液用水定容到 1000ml，过滤得上清液于棕色瓶中备用。

（2）标准蛋白质溶液：牛血清白蛋白（BSA）用蒸馏水配成 0.1mg/ml。

（3）待测样品液：S1、S2（3 颗绿豆加 10ml 水，研钵中研磨，2500r/min 离心 10min 得上清液），S3、S4 为原液稀释 10 倍（在未知样品蛋白质含量时可先设计一个浓度梯度以保证测量值在标准曲线的线性范围内）。

（三）实验操作过程

1. 牛血清白蛋白标准曲线的制作

按表 2-4-2 加入试剂，混匀静置 2min，以 1 号管为空白调零点，测各管的 A_{595} 值，以吸光值（A_{595}）为纵坐标，每管蛋白质含量为横坐标作出标准曲线。

表 2-4-2　标准曲线制作实验

试管号	1	2	3	4	5	6	S1	S2	S3	S4
标准蛋白质/μl	0	100	200	300	400	500				
样品体积/μl							50	100	50	100
每管中蛋白质含量/μg	0	10	20	30	40	50				
水/μl	500	400	300	200	100	0	450	400	450	400
G-250 染色液/ml	3	3	3	3	3	3	3	3	3	3
室温静置 2min										
A_{595}										

2. 样品蛋白质含量测定

取未知浓度的蛋白质（通过适当稀释使其浓度控制在测量有效范围内），加到试管内，再加入 G-250 染色液 3ml 混匀，测其 595nm 下的吸光度，对照标准曲线求出蛋白质含量，计算其浓度（表示为 mgPr/g 材料）。

（四）思 考 题

（1）Bradford 法测定蛋白质含量有什么优点？

（2）你觉得 Bradford 法测定蛋白质含量有什么缺点？如何避免？

（3）理解零点的调节。

实验四 糖化酶的固定化及其在葡萄糖
生产中的应用工艺

一、酶的固定化实验

1. 实验目的

掌握制备固定化酶的原理和生产工艺，了解评价固定化酶的相关指标。理解固定化反应偶联率、活力回收、相对活力的概念、意义及测定原理。理解酶的脱落、酶的活性半衰期的意义及测量方法。另外，理解糖化酶活力测定原理及活力单位的意义，对测定过程要求有比较清楚的了解。自己设计评价固定化酶质量的测量指标。

2. 实验原理

糖化酶也称葡萄糖淀粉酶（glucoamylase，EC.3.2.1.3）（淀粉-α-1,4-葡萄糖水解酶），它能够催化淀粉液化产物糊精及低聚糖进一步水解成葡萄糖。糖化酶对底物的作用是由非还原端开始，将 α-1,4-键和 α-1,6 键逐一水解，所产生的葡萄糖为 β 构型，几乎 100% 转变为葡萄糖。工业生产使用的糖化酶主要来自曲霉、根霉及拟内孢霉，它被广泛应用于酿酒、制糖等行业，是非常重要的酶制剂。

酶的固定化方法通常按照用于结合的化学反应的类型进行分类，大致有三种：非共价结合法（结晶法、分散法、物理吸附法及离子结合法）；化学结合法（包括共价结合法及交联法）；包埋法（包括微囊法及网格法）。

本实验利用离子结合法制备固定化糖化酶。离子结合法就是酶通过离子键结合于具有离子交换基的不溶性载体的固定化方法，常用的载体有：葡聚糖凝胶、离子交换树脂、纤维素等。本实验以离子交换树脂为载体，应用离子交换结合法制备固定化酶，该法操作简便，处理条件温和，酶的高级结构和活性中心的氨基酸残基不易被破坏，酶的活性回收率高，可反复连续生产，对稀酶有浓缩作用，载体可再生使用。其缺点是：载体和酶的结合力弱，容易受缓冲液种类或 pH 的影响，在高离子强度下进行反应时，酶易从载体上脱落。

3. 实验材料和仪器

实验材料：糖化酶液，GF-201 大孔强碱阴离子交换剂，葡萄糖，可溶性淀粉（20g/L），$CuSO_4 \cdot 5H_2O$，次甲基蓝，酒石酸钾钠，氢氧化钠，亚铁氰化钾，乙酸，乙酸钠，无水乙醇，盐酸。硫代硫酸钠（0.05mol/L），碘溶液（次碘酸钠，0.1mol/L），硫酸 2mol/L，

实验仪器：恒温水浴锅（可达 99℃，5 个），酸度计（3 个），1000W 电炉（6 个），容量瓶，量筒，烧杯，移液管，酸式滴定管，比色管，锥形瓶，试管架，吸耳球。

试剂的配制：

（1）糖化酶液：市售商品化糖化酶液（10 万 U/ml），pH7 的磷酸缓冲液稀释 8 倍后作为酶液，用前现配。

（2）2mol/L 氢氧化钠：8g NaOH 定容到 100ml。

（3）2mol/L HCl：17ml 浓盐酸定容到 100ml。

4. 实验分析方法

（1）还原糖测量方法，采用 DNS（3,5-二硝基水杨酸）法（见"糖化酶的活力测量方法"）。

（2）酶活力单位的定义：在 55℃，pH4.6 的条件下，在上述反应体系中水解可溶性淀粉产生 1μmol 葡萄糖，即为一个酶活力单位。对固定化酶以 μmol/（min·mg）表示（或 U/mg）；对液相酶以 U/ml 或 μmol/（min·ml）表示。

5. 实验操作

（1）载体的预处理，阴离子交换树脂第一次使用时前处理如下。

① 乙醇处理：15g 湿离子交换剂，于 50ml 烧杯中加入 30ml 去离子水，搅拌，倒去水。注入 2 倍体积无水乙醇，乙醇浸泡过夜（12h），然后用去离子水连续冲洗以除去乙醇（交换剂第一次用要处理，再生则可省此步骤）。

② 碱处理：2 倍体积（50ml）的 2mol/L NaOH 浸泡并充分搅拌，再以去离子水冲至 pH6.0～7.0。

③ 酸处理：用 2 倍体积的 2mol/L HCl 溶液处理阴离子交换树脂，然后用去离子水洗至 pH6.0。

④ 重复②的过程。

（2）固定化酶实验：100ml 糖化酶液倒入贮液槽中，加入预处理的离子交换

剂，不断搅拌，开始进行酶的固定化，30min 后过滤去未固定的酶液，测量固定化酶及反应后残留酶液活性。固定化酶的贮藏应保持湿润。

二、糖化酶的活力测量方法

1. 实验目的

学习和掌握测定淀粉酶（包括 α-淀粉酶和 β-淀粉酶）活力的原理和方法。

2. 实验原理

淀粉是植物最主要的贮藏多糖，也是人和动物的重要食物和发酵工业的基本原料。淀粉经淀粉酶作用后生成葡萄糖、麦芽糖等小分子物质而被机体利用。淀粉酶主要包括 α-淀粉酶和 β-淀粉酶两种。α-淀粉酶可随机地作用于淀粉中的 α-1,4-糖苷键，生成葡萄糖、麦芽糖、麦芽三糖、糊精等还原糖，同时使淀粉的黏度降低，因此又称为液化酶。β-淀粉酶可从淀粉的非还原性末端进行水解，每次水解下一分子麦芽糖，又被称为糖化酶。淀粉酶催化产生的这些还原糖能使 3,5-二硝基水杨酸还原，生成棕红色的 3-氨基-5-硝基水杨酸，其反应如下：

淀粉酶活力的大小与产生的还原糖的量成正比。用标准浓度的葡萄糖溶液制作标准曲线，用比色法测定淀粉酶作用于淀粉后生成的还原糖的量，以单位质量样品在一定时间内生成的葡萄糖的量表示酶活力。

3. 材料、试剂和仪器

（1）实验材料：实验一得到的酶液、固定化酶及固定化后的残留酶液。

（2）仪器（每组所需仪器）：①离心机；②离心管；③容量瓶：50ml，100ml；④恒温水浴；⑤20ml 具塞刻度试管；⑥试管架；⑦刻度吸管；⑧分光光度计。

（3）试剂（均为分析纯）：

① 标准葡萄糖溶液（1mg/ml）：精确称取 100mg 葡萄糖，用蒸馏水溶解并定容至 100ml。

② 3,5-二硝基水杨酸试剂：精确称取 3,5-二硝基水杨酸 1g，溶于 20ml 2mol/L NaOH 溶液中，加入 50ml 蒸馏水，再加入 30g 酒石酸钾钠，待溶解后用蒸馏水定容至 100ml。盖紧瓶塞，勿使 CO_2 进入。若溶液混浊可过滤后使用。

③ 0.1mol/L pH5.6 的柠檬酸缓冲液

A 液（0.1mol/L 柠檬酸）：称取 $C_6H_8O_7 \cdot H_2O$ 21.01g，用蒸馏水溶解并定容至 1L。

B 液（0.1mol/L 柠檬酸钠）：称取 $Na_3C_6H_5O_7 \cdot 2H_2O$ 29.41g，用蒸馏水溶解并定容至 1L。

取 A 液 55ml 与 B 液 145ml 混匀，即为 0.1mol/L pH5.6 的柠檬酸缓冲液。

④ 1%淀粉溶液：称取 1g 淀粉溶于 100ml 0.1mol/L pH5.6 的柠檬酸缓冲液中。

4. 实验操作

（1）葡萄糖标准曲线的制作。取 7 支干净的具塞刻度试管，编号，按表 2-4-3 加入试剂。

表 2-4-3　葡萄糖标准曲线制作

试　剂	管　号						
	1	2	3	4	5	6	7
葡萄糖标准液/ml	0	0.2	0.6	1.0	1.4	1.8	2.0
蒸馏水/ml	2.0	1.8	1.4	1.0	0.6	0.2	0
葡萄糖含量/mg	0	0.2	0.6	1.0	1.4	1.8	2.0
3,5-二硝基水杨酸/ml	2.0	2.0	2.0	2.0	2.0	2.0	2.0

摇匀，置沸水浴中煮沸 5min。取出后流水冷却，加蒸馏水定容至 20ml。以 1 号管作为空白调零点，在 540nm 波长下比色测定光密度。以葡萄糖含量为横坐标，光密度为纵坐标，绘制标准曲线。

（2）酶活力的测定：取 6 支干净的试管，编号，按表 2-4-4 进行操作。

表 2-4-4　酶活力测定取样表

操作项目	淀粉酶活力测定			固定化酶活力测量		
1%淀粉溶液/ml	1.0	1.0	1.0	1.0	1.0	1.0
预保温	将各试管和淀粉溶液置于 40℃恒温水浴中保温 10min					
淀粉酶原液/ml	0.1	0.1	0.1	0.2g	0.2g	0.2g
	（空白管的酶预先煮沸失活）					
保温	在 40℃恒温水浴中准确保温 5min					
	取反应液 0.1ml，加入 1.9ml 水，迅速加入以下 DNS					
3,5-二硝基水杨酸/ml	0	2.0	2.0	0	2.0	2.0

将各试管摇匀，显色后进行比色测定光密度，记录测定结果，操作同标准曲线（煮沸，定容）。

5. 实验结果与分析

在标准曲线上查出相应的葡萄糖含量（mg），按下列公式计算酶的活力。

酶活力单位（U）＝1μmol 葡萄糖产生量/min

计算每毫升酶液及每克固定化酶的活力，计算残留酶活力，从而计算偶联率及相对活力，评价固定化的效果。

三、固定化酶生产葡萄糖的实验装置设计及操作实验

1. 实验目的

了解固定化酶在实际工业生产中应用的优势。

2. 实验原理

固定化糖化酶生产葡萄糖工艺是非常成熟并且已被国内外众多厂家广泛使用的技术，其最常用的反应器为填充床式反应器，即将固定化酶装入柱子中，制成填充床式酶柱，再使底物流经酶柱进行酶的催化反应，其特点是固定化酶在酶柱中稳定性很高，半衰期很长，底物反应液在酶柱中停留的时间很短，葡萄糖液着色很浅，简化了后提纯过程，大大降低了成本。本实验是将固定化酶装入以可溶性淀粉为底物的模拟反应罐，控制酶反应的最佳时间、pH，测量葡萄糖随时间变化产生量的变化；将固定化酶重复使用，体会固定化酶应用于生产的优势。本实验的设计是模拟工业化大规模生产工艺流程的一次设计性实验。

3. 试剂与仪器

实验试剂：固定化糖化酶，可溶性淀粉，乙酸，乙酸钠，氢氧化钠，盐酸，pH5.6、0.05mol/L 的乙酸缓冲液；1%淀粉溶液。

实验仪器：超级恒温水浴，pH 计，称表，1000W 电炉，玻璃仪器。

4. 操作步骤

应用固定化酶生产葡萄糖糖浆。

（1）1%淀粉溶液 30ml＋实验用固定化酶 0.5g，于 40℃保温 10～30min，每 10min 分别取样 0.1ml 测量葡萄糖的产生量，计算催化反应速度。

（2）30min 后过滤除去液体，用无离子水洗脱固定化酶，再加入 1%淀粉溶液 30ml，然后重新放入 40℃保温 10～30min，分别取样测量葡萄糖的产生量，

计算催化反应速度。

(3) 将上述滤液取 1ml，加入 1% 淀粉 30ml，40℃ 保温 10～30min，取样 0.1ml 测量葡萄糖的生产量，衡量其脱落程度。

5. 结果与讨论

(1) 葡萄糖 DE 值的计算：工业上用 DE 值表示还原糖的组成，糖化液中的还原糖含量（以葡萄糖计算）占干物质的含量百分率称为 DE 值。

(2) DE 值 = ［葡萄糖含量（%）/干物质含量（%）］×100%

(3) 标准日生产能力 = 每千克干固定化酶在每日生产的合格产品（DE≥80%）的生产能力。

(4) 计算第一次重复使用固定化酶的生产效率为第一次使用的百分比。

第三部分　附　　录

附录一　生物工程下游技术实验室的安全及环保知识

生物工程下游技术实验室的安全问题涉及化学安全和生物安全两个方面，实验室的污染也包括了化学污染和生物污染两种类型。因此，生物工程下游技术实验室的安全和环保问题尤其突出，需要每一个实验室的工作人员和学生具有高度负责的精神、细致认真的态度，并且具备一定的安全防范意识和处理安全及环保问题的专业知识。

（一）生物工程下游技术实验安全总则

（1）了解实验室的总体布局及基本情况。在实验室开始工作前，应清楚实验室的门窗及安全通道的具体方位，防火水栓和灭火器具的位置及使用方法，掌握各类灭火器的使用范围和使用方法。了解煤气总阀门、水阀门及电闸所在处。离开实验室时，一定要将室内检查一遍，应将水、电、煤气的开关关好，门窗锁好。

（2）使用煤气灯时，应先将火柴点燃。一手执火柴靠近灯口，一手慢开煤气门。不能先开煤气门，后燃火柴。灯焰大小和火力强弱，应根据实验的需要来调节。用火时，应做到火着人在，人走火灭。

（3）烘箱电炉等加热设备不能在没有人监视的情况下使用，一定要保证有专人在现场，及时处理出现的各种问题。冰箱等制冷设备应严格控制集中放置使用，注意通风，保留适当的距离。

（4）使用电器设备（如烘箱、恒温水浴、离心机、电炉等）时，严防触电；绝不可用湿手或在眼睛旁视时开关电闸和电器开关。检查电器设备是否漏电应用试电笔或手背触及仪器表面．凡是漏电的仪器，一律不能使用。

（5）使用浓酸、浓碱，必须极为小心地操作，防止溅失。用吸量管量取这些试剂时，必须使用橡皮球，绝对不能用口吸取。若不慎溅在实验台或地面，必须及时用湿抹布擦洗干净。如果触及皮肤，应立即治疗。

（6）使用可燃物，特别是易燃（丙酮、乙醚、乙醇、苯、金属钠等）时，应特别小心。不要大量放在桌上，更不应放在靠近火焰处。只有远离火源时，或将火焰熄灭后，才可大量倾倒这类液体。低沸点的有机溶剂不准在火焰上直接加热，只能在水浴上利用回流冷凝管加热或蒸馏。

（7）如果不慎溢出了相当量的易燃液体，则应按下法处理。

① 立即关闭室内所有的火源和电加热器。

② 关门，开启小窗及窗户。

③ 用毛巾或抹布擦拭撒出的液体。并将液体拧到大的容器中，然后再倒入带塞的玻璃瓶中。

（8）用油浴操作时，应小心加热，不断用金属温度计测量，不要使温度超过油的燃烧温度。

（9）易燃和易爆炸物质的残渣（如金属钠、白磷、火柴头）要隔绝空气保存，使用时要特别小心，不得倒入污桶或水槽中，应收集在指定的容器内。

（10）废液，特别是强酸和强碱不能直接倒在水槽中，应先稀释，然后倒入水槽，再用大量自来水冲洗水槽及下水道。

（11）毒物应按实验室的规定办理审批手续后领取，使用时严格操作，用后妥善处理。

（二）实验室灭火法

实验中一旦发生了火灾切不可惊慌失措，应保持镇静。首先立即切断室内一切火源和电源，然后根据具体情况积极正确地进行抢救和灭火。常用的方法有以下几个。

（1）在可燃液体燃着时，应立刻拿开着火区域内的一切可燃物质，关闭通风器，防止扩大燃烧。若着火面积较小，可用石棉布、湿布、铁片或沙土覆盖，隔绝空气使之熄灭。但覆盖时要轻，避免碰坏或打翻盛有易燃溶剂的玻璃器皿，导致更多的溶剂流出而再着火。

（2）乙醇及其他可溶于水的液体着火时，可用水灭火。

（3）汽油、乙醚、甲苯等有机溶剂着火时，应用石棉布或土扑灭。绝对不能用水，否则会扩大燃烧面积。

（4）金属钠着火时，可把沙子倒在它的上面。

（5）导线着火时不能用水及二氧化碳灭火器，应切断电源或用四氯化碳灭火器。

（6）衣服被烧着时切不要奔走，可用衣服、大衣等包裹身体或躺在地上滚动，以灭火。

（7）发生火灾时注意保护现场。较大的着火事故应立即报警。

（三）实验室急救

在实验过程中不慎发生受伤事故，应立即采取适当的急救措施。

（1）受玻璃割伤及其他机械损伤：首先必须检查伤口内有无玻璃或金属等物碎片，然后用硼酸水洗净，再涂擦碘酒或红汞水，必要时用纱布包扎。若伤口较大或过深而大量出血，应迅速在伤口上部和下部扎紧血管止血，立即到医院诊治。

（2）烫伤：一般用浓的（90%～95%）酒精消毒后，涂上苦味酸软膏。如果伤处红痛或红肿（一级灼伤），可擦医用橄榄油或用棉花醮酒精敷盖伤处；若皮肤起泡（二级灼伤），不要弄破水泡，防止感染；若伤处皮肤呈棕色或黑色（三级灼伤），应用干燥而无菌的消毒纱布轻轻包扎好，急送医院治疗。

（3）强碱（如氢氧化钠、氢氧化钾）、钠、钾等触及皮肤而引起灼伤时，要先用大量自来水冲洗，再用5%硼酸溶液或2%乙酸溶液涂洗。

（4）强酸、溴等触及皮肤而致灼伤时，应立即用大量自来水冲洗，再以5%碳酸氢钠溶液或5%氢氧化钴溶液洗涤。

（5）如果酚触及皮肤引起灼伤，可用酒精洗涤。

（6）若煤气中毒时，应到室外呼吸新鲜空气，若严重时应立即到医院诊治。

（7）水银容易由呼吸道进入人体，也可以经皮肤直接吸收而引起积累性中毒。严重中毒的征象是口中有金属味，呼出气体也有气味；流唾液，打哈欠时疼痛，牙床及嘴唇上有硫化汞的黑色；淋巴腺及唾液腺肿大。若不慎中毒时，应送医院急救。急性中毒时，通常用碳粉或呕吐剂彻底洗胃，或者食入蛋白质（如1L牛奶加三个鸡蛋清）或蓖麻油解毒并使之呕吐。

（8）触电时可按下述方法之一切断电路：①关闭电源；②用干木棍使导线与被害者分开；③使被害者和土地分离，急救时急救者必须做好防止触电的安全措施，手或脚必须绝缘。

（四）实验室防毒

（1）实验前，应了解所用药品的毒性及防护措施。

（2）操作有毒气体（如 H_2S、Cl_2、Br_2、NO_2、浓 HCl 和 HF 等）应在通风橱内进行。

（3）苯、四氯化碳、乙醚、硝基苯等的蒸气会引起中毒。它们虽有特殊气味，但久嗅会使人嗅觉减弱，所以应在通风良好的情况下使用。

（4）有些药品（如苯、有机溶剂、汞等）能透过皮肤进入人体，应避免与皮肤接触。

（5）氰化物、高汞盐［$HgCl_2$、$Hg(NO_3)_2$ 等］、可溶性钡盐（$BaCl_2$）、重金属盐（如镉、铅盐）、三氧化二砷等剧毒药品，应妥善保管，使用时要特别小心。

（6）禁止在实验室内喝水、吃东西。饮食用具不要带进实验室，以防毒物污染，离开实验室及饭前要洗净双手。

（五）实验室防爆

可燃气体与空气混合，当两者比例达到爆炸极限时，受到热源（如电火花）的诱发，就会引起爆炸。一些气体的爆炸极限见表 3-1-1。

表 3-1-1　与空气相混合的某些气体的爆炸极限（20℃，1 个大气压下）

气体	爆炸高限（体积）/%	爆炸低限（体积）/%	气体	爆炸高限（体积）/%	爆炸低限（体积）/%
氢	74.2	4.0	丙酮	12.8	2.6
乙烯	28.6	2.8	乙酸乙酯	11.4	2.2
乙炔	80	2.5	一氧化碳	74.2	12.5
苯	6.8	1.4	水煤气	72	7.0
乙醇	19.0	3.3	煤气	32.0	5.3
乙醚	36.5	1.9	氨	27.0	15.5

（1）使用可燃性气体时，要防止气体逸出，室内通风要良好。

（2）操作大量可燃性气体时，严禁同时使用明火，还要防止发生电火花及其他撞击火花。

（3）有些药品，如叠氮铝、乙炔银、乙炔铜、高氯酸盐、过氧化物等受振和受热都易引起爆炸，使用要特别小心。

（4）严禁将强氧化剂和强还原剂放在一起。

（5）久藏的乙醚使用前应除去其中可能产生的过氧化物。

（6）进行容易引起爆炸的实验，应有防爆措施。

（六）实验室环境污染及常见污染物处理

实验室的污染主要有生物污染和化学污染两种。如果按形态分则可大致分为废水、废气和固体污染物三种。其中生物污染包括生物废弃物污染和生物细菌毒素污染，如血液、尿、粪便、各种电泳液、特种生物试剂等。而化学污染则包括有机物污染和无机物污染。除此以外，还有部分实验室存在放射性污染。

在大多数情况下，实验室中的有机试剂并不直接参与发生反应，仅仅起溶剂作用，因此消耗的有机试剂以各种形式排放到周边的环境中，排放总量大致就相当于试剂的消耗量。日复一日，年复一年，排放量十分可观。有机样品污染包括一些剧毒的有机样品，如农药、苯并［α］芘、黄曲霉毒素、亚硝胺等。无机物污染有强酸强碱的污染、重金属污染、氰化物污染等。其中汞、砷、铅、镉、铬等重金属的毒性不仅强，且有在人体中有蓄积性。

生物性污染包括生物废弃物污染和生物细菌毒素污染。生物废弃物有检验实验室的标本，如血液、尿、粪便、痰液和呕吐物等；检验用品，如实验器材、细菌培养基和细菌阳性标本等。生物实验室的通风设备设计不完善或实验过程个人安全保护漏洞，会使生物细菌毒素扩散传播，带来污染，甚至带来严重不良后果。

在对这些污染处理的时候，需要注意以下几个方面。

（1）废液的浓度超过规定的浓度时，必须进行处理。但处理设施比较齐全时，往往把废液的处理浓度限制放宽。

（2）最好先将废液分别处理，如果是贮存后一并处理时，虽然其处理方法将有所不同，但原则上要将可以统一处理的各种化合物收集后进行处理。

（3）处理含有络离子、螯合物之类的废液时，如果有干扰成分存在，要把含有这些成分的废液另外收集。

下面所列的废液不能互相混合：①过氧化物与有机物；②氰化物、硫化物、次氯酸盐与酸；③盐酸、氢氟酸等挥发性酸与不挥发性酸；④浓硫酸、磺酸、羟基酸、聚磷酸等酸类与其他的酸；⑤铵盐、挥发性胺与碱。

要选择没有破损及不会被废液腐蚀的容器进行收集。将所收集的废液的成分及含量，贴上明显的标签，并置于安全的地点保存。特别是毒性大的废液，尤要十分注意。

对硫醇、胺等会发出臭味的废液和会发生氰、磷化氢等有毒气体的废液，以及易燃性大的二硫化碳、乙醚之类废液，要把它们加以适当的处理，防止泄漏，并应尽快进行处理。

含有过氧化物、硝化甘油之类爆炸性物质的废液，要谨慎地操作，并应尽快处理。

含有放射性物质的废弃物，用另外的方法收集，并必须严格按照有关的规定，严防泄漏，谨慎地进行处理。

不同种类的废液等污染也要进行不同的处理。

1. 化学类废物

一般的有毒气体可通过通风橱或通风管道，经空气稀释排出。大量的有毒气体必须通过与氧充分燃烧或吸收处理后才能排放。

废液应根据其化学特性选择合适的容器和存放地点，通过密闭容器存放，不可混合贮存，容器标签必须标明废物种类、贮存时间，定期处理。一般废液可通过酸碱中和、混凝沉淀、次氯酸钠氧化处理后排放，有机溶剂废液应根据性质进行回收。

A. 含汞废液的处理

排放标准：废液中汞的最高容许排放浓度为 0.05mg/L（以 Hg 计）。

处理方法：

（1）硫化物共沉淀法：先将含汞盐的废液的 pH 调至 8～10，然后加入过量的 Na_2S，使其生成 HgS 沉淀。再加入 $FeSO_4$（共沉淀剂），与过量的 S_2 生成 FeS 沉淀，将悬浮在水中难以沉淀的 HgS 微粒吸附共沉淀。然后静置、分离，再经离心、过滤，滤液的含汞量可降至 0.05mg/L 以下。

（2）还原法：用铜屑、铁屑、锌粒、硼氢化钠等作还原剂，可以直接回收金属汞。

B. 含镉废液的处理

（1）氢氧化物沉淀法：在含镉的废液中投加石灰，调节 pH 至 10.5 以上，充分搅拌后放置，使镉离子变为难溶的 Cd（OH）$_2$ 沉淀。分离沉淀，用双硫腙分光光度法检测滤液中的 Cd 离子后（降至 0.1mg/L 以下），将滤液中和至 pH 约为 7，然后排放。

（2）离子交换法：利用 Cd^{2+} 比水中其他离子与阳离子交换树脂有更强的结合力，优先交换。

C. 含铅废液的处理

在废液中加入消石灰，调节至 pH 大于 11，使废液中的铅生成 Pb（OH）$_2$ 沉淀。然后加入 Al_2（SO_4）$_3$（凝聚剂），将 pH 降至 7～8，则 Pb（OH）$_2$ 与 Al（OH）$_3$ 共沉淀，分离沉淀，达标后，排放废液。

D. 含砷废液的处理

在含砷废液中加入 $FeCl_3$，使 Fe/As 达到 50，然后用消石灰将废液的 pH 控制在 8～10。利用新生氢氧化物和砷的化合物共沉淀的吸附作用，除去废液中的砷。放置一夜，分离沉淀，达标后，排放废液。

E. 含酚废液的处理

酚属剧毒类细胞原浆毒物，处理方法：低浓度的含酚废液可加入次氯酸钠或漂白粉煮一下，使酚分解为二氧化碳和水。如果是高浓度的含酚废液，可通过乙酸丁酯萃取，再加少量的氢氧化钠溶液反萃取，经调节 pH 后进行蒸馏回收。处理后的废液排放。

F. 综合废液处理

用酸、碱调节废液 pH 为 3～4、加入铁粉，搅拌 30min，然后用碱调节 pH 为 9 左右，继续搅拌 10min，加入硫酸铝或碱式氯化铝混凝剂，进行混凝沉淀，上清液可直接排放，沉淀以废渣方式处理。

2. 生物类废物

生物类废物应根据其病源特性、物理特性选择合适的容器和地点，专人分类收集进行消毒、烧毁处理，日产日清。

液体废物一般可加漂白粉进行氯化消毒处理。固体可燃性废物分类收集、处理，一律及时焚烧。固体非可燃性废物分类收集，可加漂白粉进行氯化消毒处理。满足消毒条件后作最终处置。

（1）一次性使用的制品，如手套、帽子、工作物、口罩等使用后放入污物袋内集中烧毁。

（2）可重复利用的玻璃器材，如玻片、吸管、玻瓶等可以用 1000～3000mg/L 有效氯溶液浸泡 2～6h，然后清洗重新使用，或者废弃。

（3）盛标本的玻璃、塑料、搪瓷容器可煮沸 15min，或者用 1000mg/L 有效氯漂白粉澄清液浸泡 2～6h，消毒后用洗涤剂及流水刷洗、沥干；用于微生物培养的，用压力蒸汽灭菌后使用。

（4）微生物检验接种培养过的琼脂平板应压力灭菌 30min，趁热将琼脂倒弃处理。

（5）尿、唾液、血液等生物样品，加漂白粉搅拌后作用 2～4h，倒入化粪池或厕所。或者进行焚烧处理。

3. 放射性废弃物

一般实验室的放射性废弃物为中低水平放射性废弃物，将实验过程中产生的放射性废物收集在专门的污物桶内，桶的外部标明醒目的标志，根据放射性同位素的半衰期长短，分别采用贮存一定时间使其衰变和化学沉淀浓缩或焚烧后掩埋处理。

（1）放射性同位素的半衰期短（如 [131] 碘、[32] 磷等）的废弃物，用专门的容器密闭后，放置于专门的贮存室，放置 10 个半衰期后排放或者焚烧处理。

（2）放射性同位素的半衰期较长（如 [59] 铁、[60] 钴等）的废弃物，液体可用蒸发、离子交换、混凝剂共沉淀等方法浓缩，装入容器集中埋于放射性废物坑内。

（七）玻璃仪器的洗涤及各种洗液的配制法

实验中所使用的玻璃仪器清洁与否，直接影响实验结果，往往由于仪器的不清洁或被污染而造成较大的实验误差，甚至会出现相反的实验结果。因此，玻璃仪器的洗涤清洁工作是非常重要的。

1. 初用玻璃仪器的清洗

新购买的玻璃仪器表面常附着有游离的碱性物质，可先用洗涤灵稀释液、肥皂水或去污粉等洗刷再用自来水洗净，然后浸泡在1％～2％盐酸溶液中过夜（不少于4h），再用自来水冲洗，最后用蒸馏水冲洗2次或3次，在80～100℃烘箱内烤干备用。

2. 使用过的玻璃仪器的清洗

（1）一般玻璃仪器：试管、烧杯、锥形瓶等（包括量筒），先用自来水洗刷至无污物，再选用大小合适的毛刷蘸取洗涤灵稀释液或浸入洗涤灵稀释液内，将器皿内外（特别是内壁）细心刷洗，用自来水冲洗干净后，蒸馏水冲洗2次或3次，烤干或倒置在清洁处，干后备用。凡洗净的玻璃器皿，不应在器壁上带有水珠，否则表示尚未洗干净，应再按上述方法重新洗涤。若发现内壁有难以去掉的污迹，应分别试用下述各种洗涤剂予以清除，再重新冲洗。

（2）量器：移液管、滴定管、量瓶等。使用后应立即浸泡于凉水中，勿使物质干涸。工作完毕后用流水冲洗，去附着的试剂、蛋白质等物质，晾干后浸泡在铬酸洗液中4～6h（或过夜），再用自来水充分冲洗，最后用水冲洗2～4次，风干备用。

（3）其他：具有传染性样品的容器，如病毒、传染病患者的血清等沾污过的容器，应先进行高压（或其他方法）消毒后再进行清洗。盛过各种有毒药品，特别是剧毒药品和放射性同位素等物质的容器，必须经过专门处理，确知没有残余毒物存在方可进行清洗。

3. 洗涤液的种类和配制方法

（1）铬酸洗液（重铬酸钾-硫酸洗液，简称为洗液）广泛用于玻璃仪器的洗涤。常用的配制方法有下述4种。

① 取100ml工业浓硫酸置于烧杯内，小心加热，然后小心慢慢加入5g重铬酸钾粉末，边加边搅拌，待全部溶解后冷却，贮于具玻璃塞的细口瓶内。

② 称取5g重铬酸钾粉末置于250ml烧杯中，加水5ml，尽量使其溶解。慢

慢加入浓硫酸 100ml，随加随搅拌。冷却后贮存备用。

③ 称取 80g 重铬酸钾，溶于 1000ml 自来水中，慢慢加入工业硫酸 100ml（边加边用玻璃棒搅动）。

④ 称取 200g 重铬酸钾，溶于 500ml 自来水中，慢慢加入工业硫酸 500ml（边加边搅拌）。

（2）浓盐酸（工业用）：可洗去水垢或某些无机盐沉淀。

（3）5%草酸溶液：用数滴硫酸酸化，可洗去高锰酸钾的痕迹。

（4）5%～10%磷酸三钠（$Na_3PO_4 \cdot 12H_2O$）溶液：可洗涤油污物。

（5）30%硝酸溶液：洗涤 CO_2 测定仪器及微量滴管。

（6）5%～10%乙二胺四乙酸二钠（EDTA-Na_2）溶液：加热煮沸可洗脱玻璃仪器内壁的白色沉淀物。

（7）尿素洗涤液：为蛋白质的良好溶剂，适用于洗涤盛蛋白质制剂及血样的容器。

（8）乙醇与浓硝酸混合液：最适合于洗净滴定管，在滴定管中加入 3ml 乙醇，然后沿管壁慢慢加入 4ml 浓硝酸（相对密度 1.4），盖住滴定管管口，利用所产生的氧化氮洗净滴定管。

（9）有机溶剂：丙酮、乙醇、乙醚等可用于洗去油脂、脂溶性染料等污痕。二甲苯可洗脱油漆的污垢。

（10）氢氧化钾的乙醇溶液和含有高锰酸钾的氢氧化钠溶液是两种强碱性的洗涤液，对玻璃仪器的侵蚀性很强，清除容器内壁污垢，洗涤时间不宜过长。使用时应小心慎重。上述洗涤液可多次使用，但是使用前必须将待洗涤的玻璃仪器先用水冲洗多次，除去肥皂、去污粉或各种废液。若仪器上有凡士林或羊毛脂时，应先用纸擦去，然后用乙醇或乙醚擦净后才能使用洗液，否则会使洗涤液迅速失效。例如，肥皂水、有机溶剂（乙醇、甲醛等）及少量油污都会使重铬酸钾-硫酸洗液变成绿色，减低洗涤能力。

附录二 常用消毒剂使用方法

1. 过氧乙酸

适用于空气、耐腐蚀物品表面、餐（饮）具、瓜果蔬菜及手的消毒。不适用于水泥、大理石和水磨石地面及金属制品和有色织物的消毒。

（1）空气消毒

① 用 0.5% 过氧乙酸溶液，每立方米 20ml，气溶胶喷雾，密闭消毒 30min 后，开窗通风。

② 用 15% 过氧乙酸溶液，每立方米 7ml，置于瓷或玻璃器皿内，加入等量的水，加热蒸发，密闭熏蒸 2h 后，开窗通风。

（2）物品表面：用 0.2%～0.5% 过氧乙酸溶液，喷洒或擦拭表面，保持湿润，消毒 30min 后，用清水擦净。

（3）餐（饮）具：用 0.5% 过氧乙酸溶液，浸泡 30min 后，用清水洗净。

（4）瓜果、蔬菜：用 0.2% 过氧乙酸溶液浸泡 10min 后，用清水洗净。

（5）手：用 0.2% 过氧乙酸溶液擦拭或浸洗 1～2min。

2. 含氯消毒剂（次氯酸钠、漂白粉精、二氯异氰尿酸钠）

适用于物品表面、地面、餐（饮）具、瓜果蔬菜、卫生洁具等的消毒。不宜用于空气、金属制品和有色织物的消毒。

（1）物品表面：用 250～500mg/L 有效氯的消毒液喷洒或擦拭表面，保持湿润，消毒 30min 后，用清水擦净。

（2）地面：用 500～1000mg/L 有效氯的消毒液喷洒或拖洗地面，保持湿润，消毒 30min 后，用清水拖净。

（3）餐（饮）具：用 250～500mg/L 有效氯的消毒液溶液，浸泡 30min 后，用清水洗净。

（4）瓜果、蔬菜：用有效氯的 250～500mg/L 消毒液浸泡 10min 后，用清水洗净。

（5）卫生洁具：卫生洁具用有效氯的 250～500mg/L 消毒液刷洗或浸泡 30min 后，用清水洗净。

3. 二氧化氯消毒液

适用于空气、物品表面、地面、餐（饮）具、瓜果蔬菜、卫生洁具等的消毒。不适用于金属制品和有色织物的消毒。使用前加活化剂活化。

（1）物品表面：用 200mg/L 二氧化氯消毒液喷洒或擦拭表面，保持湿润，消毒 30min 后，用清水擦净。

（2）地面：用 500mg/L 二氧化氯消毒液喷洒或拖洗地面，保持湿润，消毒 30min 后，用清水拖净。

（3）餐（饮）具：用 200mg/L 二氧化氯消毒液浸泡 5～10min 后，用清水洗净。

（4）瓜果、蔬菜：用 100mg/L 二氧化氯消毒液浸泡 5～10min 后，用清水洗净。

（5）卫生洁具：卫生洁具用有效氯的 250～500mg/L 二氧化氯消毒液刷洗或浸泡 30min 后，用清水洗净。

（6）空气：用 1000mg/L 二氧化氯消毒液，每立方米 20ml，气溶胶喷雾，密闭消毒 30min 后，开窗通风。

4. 碘伏

适用于手与皮肤的消毒。

用含有效碘 3000～5000mg/L 的碘伏消毒液涂擦 1～3min。也可用 500mg/L 的碘伏消毒液浸泡 3～5min。

附录三 常见的消毒剂配制表

1. 二氯异氰尿酸钠溶液配制方法

根据二氯异氰尿酸的原药浓度，参照表 3-3-1 配制。

表 3-3-1　二氯异氰尿酸钠溶液配制表

二氯异氰尿酸钠原药浓度 55%	使用浓度/（mg/L）					
	500	1000	2000	5000	10000	50000
加水量/L	取药量/g					
1	0.9	1.8	3.6	9.1	18.2	90.9
10	9	18	36	91	182	909
15	13.5	27	54	136.5	273	1363.5
20	18	36	72	182	364	1818
25	22.5	45	90	227.5	455	2272.5

2. 过氧乙酸溶液配制方法

对二元包装的过氧乙酸，配制前按产品使用说明书将 A、B 两液混合。混合后根据有效成分含量，按表 3-3-2 方法配制。

表 3-3-2　过氧乙酸消毒液配制表

原药浓度/%	使用浓度/（mg/L）													
	2000 (0.2%)		3000 (0.3%)		4000 (0.4%)		5000 (0.5%)		10 000 (1%)		20 000 (2%)		50 000 (5%)	
	取药量/ml	加水量/ml	取药量/ml	加水量/ml	取药量/ml	加水量/ml	取药量/ml	加水量/ml	取药量/ml	加水量/ml	取药量/ml	加水量/ml	取药量/ml	加水量/ml
20%	10	990	15	985	20	980	25	975	50	950	100	900	250	750
18%	11	989	17	983	22	978	28	972	56	944	111	889	278	722

附录四　常用 pH 缓冲溶液

在化学中，有一类能够减缓因外加强酸或强碱以及稀释等而引起的 pH 急剧变化的作用的溶液，此种溶液被称为 pH 缓冲溶液。pH 缓冲溶液一般都是由浓度较大的弱酸及其共轭碱所组成，如 $HAc\text{-}Ac^-$，$NH_4^+\text{-}NH_3$ 等，此种缓冲溶液具有抗外加酸强碱的作用，同时还有抗稀释的作用。在高浓度的强酸或强碱溶液中，由于 H^+ 或 OH^- 浓度本来就很高，外加少量酸或碱基本不会对溶液的酸度产生太大的影响。在这种情况下，强酸（pH＜2）、强碱（pH＞12）也是缓冲溶液，但此类缓冲溶液不具有抗稀释的作用。

缓冲溶液大多数是用于控制溶液的 pH，也有一部分是专门用于测量溶液的 pH 时的参照标准，被称为标准缓冲溶液，参照表 3-4-1。

1. pH 标准缓冲溶液

表 3-4-1　常用 pH 标准缓冲溶液不同温度下的 pH

名称	配制	不同温度时的 pH								
		0℃	5℃	10℃	15℃	20℃	25℃	30℃	35℃	40℃
草酸盐标准缓冲溶液	$c[KH_3(C_2O_4)_2 \cdot 2H_2O]$ 为 0.05mol/L。称取12.71g 四草酸钾$[KH_3(C_2O_4)_2 \cdot 2H_2O]$溶于无二氧化碳的水中，稀释至1000ml	1.67	1.67	1.67	1.67	1.68	1.68	1.69	1.69	1.69
		不同温度时的 pH								
		45℃	50℃	55℃	60℃	70℃	80℃	90℃	95℃	—
		1.70	1.71	1.72	1.72	1.74	1.77	1.79	1.81	—
酒石酸盐标准缓冲溶液	在25℃时，用无二氧化碳的水溶解外消旋的酒石酸氢钾（$KHC_4H_4O_6$），并剧烈振摇至成饱和溶液	不同温度时的 pH								
		0℃	5℃	10℃	15℃	20℃	25℃	30℃	35℃	40℃
		—	—	—	—	—	3.56	3.55	3.55	3.55
		不同温度时的 pH								
		45℃	50℃	55℃	60℃	70℃	80℃	90℃	95℃	—
		3.55	3.55	3.55	3.56	3.58	3.61	3.65	3.67	—

续表

名称	配制	不同温度时的 pH								
		0℃	5℃	10℃	15℃	20℃	25℃	30℃	35℃	40℃
苯二甲酸氢盐标准缓冲溶液	c（$C_6H_4CO_2HCO_2K$）为 0.05mol/L，称取于（115.0± 5.0）℃干燥 2～3h 的邻苯二甲酸氢钾（$KHC_8H_4O_4$）10.21g，溶于无 CO_2 的蒸馏水，并稀释至 1000ml（注：可用于酸度计校准）	不同温度时的 pH								
		0℃	5℃	10℃	15℃	20℃	25℃	30℃	35℃	40℃
		4.00	4.00	4.00	4.00	4.00	4.01	4.01	4.02	4.04
		不同温度时的 pH								
		45℃	50℃	55℃	60℃	70℃	80℃	90℃	95℃	—
		4.05	4.06	4.08	4.09	4.13	4.16	4.21	4.23	—
磷酸盐标准缓冲溶液	分别称取在（115.0±5.0）℃干燥 2～3h 的磷酸氢二钠（Na_2HPO_4）（3.53±0.01）g 和磷酸二氢钾（KH_2PO_4）（3.39±0.01）g，溶于预先煮沸过 15～30min 并迅速冷却的蒸馏水中，并稀释至 1000ml（注：可用于酸度计校准）	不同温度时的 pH								
		0℃	5℃	10℃	15℃	20℃	25℃	30℃	35℃	40℃
		6.98	6.95	6.92	6.90	6.88	6.86	6.85	6.84	6.84
		不同温度时的 pH								
		45℃	50℃	55℃	60℃	70℃	80℃	90℃	95℃	—
		6.83	6.83	6.83	6.84	6.85	6.86	6.88	6.89	—
硼酸盐标准缓冲溶液	c（$Na_2B_4O_7 \cdot 10H_2O$）称取硼砂（$Na_2B_4O_7 \cdot 10H_2O$）（3.80± 0.01）g（注意：不能烘！），溶于预先煮沸过 15～30min 并迅速冷却的蒸馏水中，并稀释至 1000ml。置聚乙烯塑料瓶中密闭保存。存放时要防止空气中的 CO_2 的进入（注：可用于酸度计校准）	不同温度时的 pH								
		0℃	5℃	10℃	15℃	20℃	25℃	30℃	35℃	40℃
		9.46	9.40	9.33	9.27	9.22	9.18	9.14	9.10	9.06
		不同温度时的 pH								
		45℃	50℃	55℃	60℃	70℃	80℃	90℃	95℃	—
		9.04	9.01	8.99	8.96	8.92	8.89	8.85	8.83	—
氢氧化钙标准缓冲溶液	在25℃，用无二氧化碳的蒸馏水制备氢氧化钙的饱和溶液。氢氧化钙溶液的浓度 $c[1/2Ca(OH)_2]$ 应在（0.0400～0.0412）mol/L。氢氧化钙溶液的浓度可以酚红为指示剂，用盐酸标准溶液[c（HCl）= 0.1mol/L]滴定测出。存放时要防止空气中的二氧化碳的进入。出现混浊应弃去重新配制	不同温度时的 pH								
		0℃	5℃	10℃	15℃	20℃	25℃	30℃	35℃	40℃
		13.42	13.21	13.00	12.81	12.63	12.45	12.30	12.14	11.98
		不同温度时的 pH								
		45℃	50℃	55℃	60℃	70℃	80℃	90℃	95℃	—
		11.84	11.71	11.57	11.45	—	—	—	—	—

注：为保证 pH 的准确度，上述标准缓冲溶液必须使用 pH 基准试剂配制。

2. 常用标准 pH 缓冲溶液的配制和 pH

25℃不同 pH 标准缓冲液配制见表 3-4-2。

表 3-4-2　25℃不同 pH 标准缓冲液配制

序号	溶液名称	配制方法	pH
1	氯化钾-盐酸	13.0ml 0.2mol/L HCl 与 25.0ml 0.2mol/L KCl 混合均匀后，加水稀释至 100ml	1.7

续表

序号	溶液名称	配制方法	pH
2	氨基乙酸-盐酸	在 500ml 水中溶解氨基乙酸 150 g，加 480ml 浓盐酸，再加水稀释至 1L	2.3
3	一氯乙酸-氢氧化钠	在 200ml 水中溶解 2 g 一氯乙酸后，加 40g NaOH，溶解完全后再加水稀释至 1 L	2.8
4	邻苯二甲酸氢钾-盐酸	把 25.0ml 0.2mol/L 的邻苯二甲酸氢钾溶液与 6.0ml 0.1mol/L HCl 混合均匀，加水稀释至 100ml	3.6
5	邻苯二甲酸氢钾-氢氧化钠	把 25.0ml 0.2mol/L 的邻苯二甲酸氢钾溶液与 17.5 ml 0.1mol/L NaOH 混合均匀，加水稀释至 100ml	4.8
6	六亚甲基四胺-盐酸	在 200ml 水中溶解六亚甲基四胺 40g，加浓 HCl 10ml，再加水稀释至 1 L	5.4
7	磷酸二氢钾-氢氧化钠	把 25.0ml 0.2mol/L 的磷酸二氢钾与 23.6ml 0.1mol/L NaOH 混合均匀，加水稀释至 100ml	6.8
8	硼酸-氯化钾-氢氧化钠	把 25.0ml 0.2mol/L 的硼酸-氯化钾与 4.0ml 0.1mol/L NaOH 混合均匀，加水稀释至 100ml	8.0
9	氯化铵-氨水	把 0.1mol/L 氯化铵与 0.1mol/L 氨水以 2∶1比例混合均匀	9.1
10	硼酸-氯化钾-氢氧化钠	把 25.0ml 0.2mol/L 的硼酸-氯化钾与 43.9ml 0.1mol/L NaOH 混合均匀，加水稀释至 100ml	10.0
11	氨基乙酸-氯化钠-氢氧化钠	把 49.0ml 0.1mol/L 氨基乙酸-氯化钠与 51.0ml 0.1mol/L NaOH 混合均匀	11.6
12	磷酸氢二钠-氢氧化钠	把 50.0ml 0.05mol/L Na_2HPO_4 与 26.9ml 0.1mol/L NaOH 混合均匀，加水稀释至 100ml	12.0
13	氯化钾-氢氧化钠	把 25.0ml 0.2mol/L KCl 与 66.0ml 0.2mol/L NaOH 混合均匀，加水稀释至 100ml	13.0

3. 常用缓冲液的配制方法

（1）甘氨酸-盐酸缓冲液（0.05mol/L）：

Xml 0.2mol/L 甘氨酸 ＋Yml 0.2mol/L 盐酸 再加水稀释至 200ml

pH	X/ml	Y/ml	pH	X/ml	Y/ml
2.2	50	44.0	3.0	50	11.4
2.4	50	32.4	3.2	50	8.2
2.6	50	24.2	3.4	50	6.4
2.8	50	16.8	3.6	50	5.0

甘氨酸分子质量＝75.07 0.2mol/L 甘氨酸溶液含 15.01g/L

（2）邻苯二甲酸-盐酸缓冲液（0.05mol/L）：

Xml 0.2mol/L 邻苯二甲酸氢钾 ＋Yml 0.2mol/L 盐酸 再加水稀释至 200ml

pH	X	Y	pH	X	Y
2.2	5	4.670	3.2	5	1.470
2.4	5	3.960	3.4	5	0.990
2.6	5	3.295	3.6	5	0.597
2.8	5	2.642	3.8	5	0.263
3.0	5	2.032			

邻苯二甲酸氢钾分子质量＝2.4.23 0.2mol/L 邻苯二甲酸氢钾溶液含 40.85g/L

（3）磷酸氢二钠-柠檬酸缓冲液：

pH	0.2mol/L Na$_2$HPO$_4$/ml	0.1mol/L 柠檬酸/ml	pH	0.2mol/L Na$_2$HPO$_4$/ml	0.1mol/L 柠檬酸/ml
2.2	0.40	19.6	5.2	10.72	9.28
2.4	1.24	18.76	5.4	11.15	8.85
2.6	2.18	17.82	5.6	11.60	8.40
2.8	3.17	16.83	5.8	12.09	7.91
3.0	4.11	15.89	6.0	12.63	7.37
3.2	4.94	15.06	6.2	13.22	6.78
3.4	5.70	14.30	6.4	13.85	6.15
3.6	6.44	13.56	6.6	14.55	5.45
3.8	7.10	12.90	6.8	15.45	4.55
4.0	7.71	12.29	7.0	16.47	3.53
4.2	8.28	11.72	7.2	17.39	2.61
4.4	8.82	11.18	7.4	18.17	1.83
4.6	9.35	10.65	7.6	18.73	1.27
4.8	9.86	10.14	7.8	19.15	0.85
5.0	10.30	9.70	8.0	19.45	0.55

Na$_2$HPO$_4$ 分子质量＝141.98 0.2mol/L 溶液含 28.40g/L

Na$_2$HPO$_4$ · 2H$_2$O 分子质量＝178.05 0.2mol/L 溶液含 35.61g/L

C$_6$H$_8$O$_7$ · H$_2$O 分子质量＝210.14 0.1mol/L 溶液含 21.01g/L

（4）柠檬酸-氢氧化钠-盐酸缓冲液：

pH	钠离子浓度 /mol/L	柠檬酸 C$_6$H$_8$O$_7$ · H$_2$O/g	氢氧化钠 NaOH/g	浓盐酸 HCl/ml	终体积/L
2.2	0.20	210	84	160	10
3.1	0.20	210	83	116	10
3.3	0.20	210	83	106	10
4.3	0.20	210	83	45	10
5.3	0.35	245	144	68	10
5.8	0.45	285	186	105	10
6.5	0.38	266	156	126	10

使用时可以每升中加入 1g 酚，若最后 pH 有变化，再用少量 50％氢氧化钠溶液或浓盐酸调节，冰箱保存。

（5）柠檬酸-柠檬酸钠缓冲液（0.1mol/L）：

pH	0.1mol/L 柠檬酸/ml	0.1mol/L 柠檬酸钠/ml	pH	0.1mol/L 柠檬酸/ml	0.1mol/L 柠檬酸钠/ml
3.0	18.6	1.4	5.0	8.2	11.8
3.2	17.2	2.8	5.2	7.3	12.7
3.4	16.0	4.0	5.4	6.4	13.6
3.6	14.9	5.1	5.6	5.5	14.5
3.8	14.0	6.0	5.8	4.7	15.3
4.0	13.1	6.9	6.0	3.8	16.2
4.2	12.3	7.7	6.2	2.8	17.2
4.4	11.4	8.6	6.4	2.0	18.0
4.6	10.3	9.7	6.6	104	18.6
4.8	9.2	10.8			

C$_6$H$_8$O$_7$ · H$_2$O 分子质量＝210.14 0.1mol/L 溶液含 21.01g/L

Na$_3$C$_6$H$_5$O$_7$ · 2H$_2$O 分子质量＝294.12 0.1mol/L 溶液含 29.41g/L

（6）乙酸-乙酸钠缓冲液（0.2mol/L）：

pH	0.2mol/L NaAc/ml	0.2mol/L HAC/ml	pH	0.2mol/L NaAc/ml	0.2mol/L HAC/ml
3.6	0.75	9.25	4.8	5.90	4.10
3.8	1.20	8.80	5.0	7.00	3.00
4.0	1.80	8.20	5.2	7.90	2.10
4.2	2.65	7.35	5.4	8.60	1.40
4.4	3.70	6.30	5.6	9.10	0.90
4.6	4.90	5.10	5.8	9.40	0.60

　　NaAc 分子质量＝136.09　0.2mol/L 溶液为 27.22g/L

（7）磷酸盐缓冲液：

① 磷酸氢二钠-磷酸二氢钠缓冲液（0.2mol/L）：

pH	0.2mol/L Na_2HPO_4/ml	0.2mol/L NaH_2PO_4/ml	pH	0.2mol/L Na_2HPO_4/ml	0.2mol/L NaH_2PO_4/ml
5.8	8.0	92.0	7.0	61.0	39.0
5.9	10.0	90.0	7.1	67.0	33.0
6.0	12.3	87.7	7.2	72.0	28.0
6.1	15.0	85.0	7.3	77.0	23.0
6.2	18.5	81.5	7.4	81.0	19.0
6.3	22.5	77.5	7.5	84.0	16.0
6.4	26.5	73.5	7.6	87.0	13.0
6.5	31.5	68.5	7.7	89.5	10.5
6.6	37.5	62.5	7.8	91.5	8.5
6.7	43.5	56.5	7.9	93.0	7.0
6.8	49.5	51.0	8.0	94.7	5.3
6.9	55.0	45.0			

　　$Na_2HPO_4 \cdot 2H_2O$ 分子质量＝178.05　0.2mol/L 溶液含 35.61g/L

　　$Na_2HPO_4 \cdot 12H_2O$ 分子质量＝358.22　0.2mol/L 溶液含 71.64g/L

　　$NaH_2PO_4 \cdot H_2O$ 分子质量＝138.01　0.2mol/L 溶液含 27.6g/L

　　$NaH_2PO_4 \cdot 2H_2O$ 分子质量＝156.03　0.2mol/L 溶液含 31.21g/L

② 磷酸氢二钠-磷酸二氢钾缓冲液（1/15mol/L）：

pH	1/15mol/L Na₂HPO₄/ml	1/15mol/L KH₂PO₄/ml	pH	1/15mol/L Na₂HPO₄/ml	1/15mol/L KH₂PO₄/ml
4.92	0.10	9.90	7.17	7.00	3.00
5.29	0.50	9.50	7.38	8.00	2.00
5.91	1.00	9.00	7.73	9.00	1.00
6.24	2.00	8.00	8.04	9.50	0.50
6.47	3.00	7.00	8.34	9.75	0.25
6.64	4.00	6.00	8.67	9.90	0.10
6.81	5.00	5.00	9.18	10.00	0
6.98	6.00	4.00			

$Na_2HPO_4 \cdot 2H_2O$ 分子质量＝178.05 1/15mol/L 溶液含 35.61g/L

KH_2PO_4 分子质量＝136.09 1/15mol/L 溶液含 9.078g/L

(8) 磷酸二氢钾-氢氧化钠缓冲液（0.05mol/L）：

Xml 0.2mol/L KH_2PO_4＋Yml 0.2mol/L NaOH 再加水稀释至 20ml

pH（20℃）	X/ml	Y/ml	pH（20℃）	X/ml	Y/ml
5.8	5	0.372	7.0	5	2.963
6.0	5	0.570	7.2	5	3.500
6.2	5	0.860	7.4	5	3.950
6.4	5	1.260	7.6	5	4.280
6.6	5	1.780	7.8	5	4.520
6.8	5	2.365	8.0	5	4.680

(9) 巴比妥钠-盐酸缓冲液（18℃）：

pH	0.04mol/L 巴比妥钠/ml	0.2mol/L 盐酸/ml	pH	0.04mol/L 巴比妥钠/ml	0.2mol/L 盐酸/ml
6.8	100	18.4	8.4	100	5.21
7.0	100	17.8	8.6	100	3.82
7.2	100	16.7	8.8	100	2.52
7.4	100	15.3	9.0	100	1.65
7.6	100	13.4	9.2	100	1.13
7.8	100	11.47	9.4	100	0.70
8.0	100	9.39	9.6	100	0.35
8.2	100	7.21		100	

巴比妥钠分子质量＝206.18 0.04mol/L 溶液为 8.25g/L

（10）Tris-盐酸缓冲液：

50ml 0.1mol/L 三羟甲基氨基甲烷（Tris）溶液于 Xml 0.1mol/L 盐酸混匀后，加水稀释至 100ml

pH	X/ml	pH	X/ml
7.1	45.7	8.1	26.2
7.2	44.7	8.2	22.9
7.3	43.4	8.3	19.9
7.4	42.0	8.4	17.2
7.5	40.3	8.5	14.7
7.6	38.5	8.6	12.4
7.7	36.6	8.7	10.3
7.8	34.5	8.8	8.5
7.9	32.0	8.9	7.0
8.0	29.2		

三羟甲基氨基甲烷（Tris）分子质量=121.14 0.1mol/L 溶液为 12.114g/L

Tris 溶液可以从空气中吸收二氧化碳，使用时注意将瓶盖严。

（11）硼酸-硼砂缓冲液（0.2mol/L 硼酸根）：

pH	0.05mol/L 硼砂/ml	0.2mol/L 硼酸/ml	pH	0.05mol/L 硼砂/ml	0.2mol/L 硼酸/ml
7.4	1.0	9.0	8.2	3.5	6.5
7.6	1.5	8.5	8.4	4.5	5.5
7.8	2.0	8.0	8.7	6.0	4.0
8.0	3.0	7.0	9.0	8.0	2.0

硼砂 $Na_2B_4O_7 \cdot 10H_2O$ 分子质量=381.43 0.05mol/L（=0.2mol/L 硼酸根）溶液为 19.07g/L

硼酸 H_3BO_3 分子质量=61.84 0.2mol/L 溶液为 12.37g/L

硼砂易失去结晶水，必须在带塞的瓶中保存

（12）甘氨酸-氢氧化钠缓冲液（0.05mol/L）：

Xml 0.2mol/L 甘氨酸 ＋Yml 0.2mol/L 氢氧化钠 再加水稀释至 200ml

pH	X/ml	Y/ml	pH	X/ml	Y/ml
8.6	50	4.0	9.6	50	22.4
8.8	50	6.0	9.8	50	27.2
9.0	50	8.8	10.0	50	32.0
9.2	50	12.0	10.4	50	38.6
9.4	50	16.8	10.6	50	45.5

甘氨酸分子质量＝75.07 0.2mol/L 甘氨酸溶液含 15.01g/L

（13）硼砂-氢氧化钠缓冲液（0.05mol/L 硼酸根）：

Xml 0.05mol/L 硼砂 ＋Yml 0.2mol/L 氢氧化钠 再加水稀释至 200ml

pH	X/ml	Y/ml	pH	X/ml	Y/ml
9.3	50	6.0	9.8	50	34.0
9.4	50	11.0	10.0	50	43.0
9.6	50	23.0	10.1	50	46.0

硼砂 $Na_2B_4O_7 \cdot 10H_2O$ 分子质量 ＝ 381.43 0.05mol/L（＝0.2mol/L 硼酸根）溶液为 19.07g/L

（14）碳酸钠-碳酸氢钠缓冲液（0.1mol/L）：

pH		0.1mol/L 碳酸钠/ml	0.1mol/L 碳酸氢钠/ml
20℃	37℃		
9.16	8.77	1	9
9.40	9.12	2	8
9.51	9.40	3	7
9.78	9.50	4	6
9.90	9.72	5	5
10.14	9.90	6	4
10.28	10.08	7	3
10.53	10.28	8	2
10.83	10.57	9	1

$Na_2CO_3 \cdot 10H_2O$ 分子质量＝286.2 0.1mol/L 溶液为 28.62g/L

$NaHCO_3$ 分子质量＝84.0 0.1mol/L 溶液为 8.40g/L

Ca^{2+}，Mg^{2+} 存在时不得使用

附录五 一些常用酸碱指示剂

表 3-5-1 常见酸碱指示剂及其变色范围

指示剂名称	颜色		变色 pH 范围	配制方法
	酸	碱		0.1g 溶于 250ml 下列溶剂
甲基黄	红	黄	2.9～4.0	90％乙醇
溴酚蓝	黄	紫	3.0～4.6	水，含 1.49ml 0.1mol/L NaOH
甲基橙	红	橙黄	3.1～4.4	游离酸：水 钠盐：水，含 3ml 0.1mol/L HCl
溴甲基绿	黄	蓝	3.6～5.2	水，含 1.43ml 0.1mol/L NaOH
甲基红	红	黄	4.3～6.3	钠盐：水 游离酸：60％
石蕊	红	蓝	5.0～6.0	水
溴麝香草酚蓝	黄	蓝	6.0～7.6	水，含 1.6ml 0.1mol/L NaOH
中性红	红	橙棕	6.8～8.0	70％乙醇
酚酞	无色	桃红	8.3～10.0	70％～90％乙醇

附录六 常用固态化合物当量浓度配制参考表

表 3-6-1 常见化合物当量浓度配制表

名称	相对分子质量	浓度	
		mol/L 或 N	g/L
草酸 $H_2C_2O_4 \cdot 2H_2O$	126.08	1N	63.04
柠檬酸 $H_3C_6H_5O_7 \cdot H_2O$	210.14	0.1N	7.00
氢氧化钾 KOH	56.10	5N	280.50
氢氧化钠 NaOH	40.00	1N	40.00
碳酸钠 Na_2CO_3	106.00	1N	53.00
磷酸氢二钠 $Na_2HPO_4 \cdot 12H_2O$	358.20	1N	358.20
磷酸二氢钾 KH_2PO_4	136.10	1/15mol/L	9.08
重铬酸钾 $K_2Cr_2O_7$	294.20	0.1N	4.903 5
碘化钾 KI	166.00	0.5N	83.00
高锰酸钾 KMO_4	158.00	0.1N	3.16
醋酸钠 $NaC_2H_3O_2$	82.04	1N	82.04
硫代硫酸钠 $NaS_2O_3 \cdot 5H_2O$	248.20	0.1N	24.82

附录七 化学试剂纯度分级表

表 3-7-1 化学试剂纯度分级表

规格	一级试剂	二级试剂	三级试剂	四级试剂	生物试剂
我国标准	保证试剂 GR. 绿色标签	分析纯 AR. 红色标签	化学纯 CP. 蓝色标签	化学用 LP.	BR. 或 CR.
国外标准	AR. GR. ACS. PA. XЦ.	CP. PUSS. Puriss. ЦДА.	LR. EP. Ц.	p. pure	
用途	纯度最高,杂质含量最少的试剂。适用于最精确分析及研究工作	纯度较高,杂质含量较低。适用于精确的微量分析工作,为分析实验室广泛使用	质量略低于二级试剂,适用于一般的微量分析实验,包括要求不高的工业分析和快速分析	纯度较低,但高于工业用的试剂,适用于一般定性检验	根据说明使用

附录八 调整硫酸铵溶液饱和度计算表（0℃）

表 3-8-1 0℃硫酸铵溶液饱和度配制表

在 0℃硫酸铵终浓度，%饱和度

	20	25	30	35	40	45	50	55	60	65	70	75	80	85	90	95	100
	每100ml溶液加固体硫酸铵的克数																
0	10.6	13.4	16.4	19.4	22.6	25.8	29.1	32.6	36.1	39.8	43.6	47.6	51.6	55.9	60.3	65.0	69.7
5	7.9	10.8	13.7	16.6	19.7	22.9	26.2	29.6	33.1	36.8	40.5	44.4	48.4	52.6	57.0	61.5	66.2
10	5.3	8.1	10.9	13.9	16.9	20.0	23.3	26.6	30.1	33.7	37.4	41.2	45.2	49.3	53.6	58.1	62.7
15	2.6	5.4	8.2	11.1	14.1	17.2	20.4	23.7	27.1	30.6	34.3	38.1	42.0	46.0	50.3	54.7	59.2
20	0	2.7	5.5	8.3	11.3	14.3	17.5	20.7	24.1	27.6	31.2	34.9	38.7	42.7	46.9	51.2	55.7
25		0	2.7	5.6	8.4	11.5	14.6	17.9	21.1	24.5	28.0	31.7	35.5	39.5	43.6	47.8	52.2
30			0	2.8	5.6	8.6	11.7	14.8	18.1	21.4	24.9	28.5	32.3	36.2	40.2	44.5	48.8
35				0	2.8	5.7	8.7	11.8	15.1	18.4	21.8	25.4	29.1	32.9	36.9	41.0	45.3
40					0	2.9	5.8	8.9	12.0	15.3	18.7	22.2	25.8	29.6	33.5	37.6	41.8
45						0	2.9	5.9	9.0	12.3	15.6	19.0	22.6	26.3	30.2	34.2	38.3
50							0	3.0	6.0	9.2	12.5	15.9	19.4	23.0	26.8	30.8	34.8
55								0	3.0	6.1	9.3	12.7	16.1	19.7	23.5	27.3	31.3
60									0	3.1	6.2	9.5	12.9	16.4	20.1	23.1	27.9
65										0	3.1	6.3	9.7	13.2	16.8	20.5	24.4
70											0	3.2	6.5	9.9	13.4	17.1	20.9
75												0	3/2	6.6	10.1	13.7	17.4
80													0	3.3	6.7	10.3	13.9
85														0	3.4	6.8	10.5
90															0	3.4	7.0
95																0	3.5
100																	0

硫酸铵初浓度，%饱和度

附录九 调整硫酸铵溶液饱和度计算表（25℃）

表 3-9-1 25℃硫酸铵溶液饱和度配制表

	在 25℃硫酸铵终浓度,%饱和度																
	10	20	25	30	33	35	40	45	50	55	60	65	70	75	80	90	100
	每 1000ml 溶液加固体硫酸铵的克数																
0	56	114	144	176	196	209	243	277	313	351	390	430	472	516	561	662	767
10		57	86	118	137	150	183	216	251	288	326	365	406	449	494	592	694
20			29	59	78	91	123	155	189	225	262	300	340	382	424	520	619
25				30	49	61	93	125	158	193	230	267	307	348	390	485	583
30					19	30	62	94	127	162	198	235	273	314	356	449	546
33						12	43	74	107	142	177	214	252	292	333	426	522
35							31	63	94	129	164	200	238	278	319	411	506
40								31	63	97	132	168	205	245	285	375	469
45									32	65	99	134	171	210	250	339	431
50										33	66	101	137	176	214	302	392
55											33	67	103	141	179	264	353
60												34	69	105	143	227	314
65													34	70	107	190	275
70														35	72	153	237
75															36	115	198
80																77	157
90																	79

硫酸铵初浓度,%饱和度

附录十 不同温度下饱和硫酸铵溶液的数据

表 3-10-1 不同温度下饱和硫酸铵浓度对照表

温度/℃	0	10	20	25	30
质量百分数	41.42	42.22	43.09	43.47	43.85
摩尔浓度	3.9	3.97	4.06	4.10	4.13
每 1000g 水中含硫酸铵摩尔数	5.35	5.53	5.73	5.82	5.91
1000ml 水中用硫酸铵克数	706.8	730.5	755.8	766.8	777.5
每 1000ml 溶液中含硫酸铵克数	514.8	525.2	536.5	541.2	545.9

附录十一 常见蛋白质分子质量参考表

表 3-11-1 常见蛋白质分子质量表

蛋白质	相对分子质量
肌球蛋白 [myosin]	220 000
甲状腺球蛋白 [thyroglobulin]	165 000
β-半乳糖苷酶 [β-galactosidase]	130 000
副肌球蛋白 [paramyosin]	100 000
磷酸化酶 a [phosphorylase a]	94 000
血清白蛋白 [serum albumin]	68 000
L-氨基酸氧化酶 [L-amino acid oxidase]	63 000
地氧化氢酶 [catalase]	60 000
丙酮酸激活酶 [pyruvate kinase]	57 000
谷氨酸脱氢酶 [glutamate dehydrogenase]	53 000
亮氨酸氨肽酶 [glutamae dehydrogenase]	53 000
γ-球蛋白，H 链 [γ-globulin，H chain]	50 000
延胡索酸酶（反丁烯二酸酶）[fumarase]	49 000
卵白蛋白 [ovalbumin]	43 000
醇脱氢酶（肝）[alcohol dehydrogenase (liver)]	41 000
烯醇酶 [enolase]	41 000
醛缩酶 [aldolase]	40 000
肌酸激酶 [creatine kinase]	40 000
胃蛋白酶原 [pepsinogen]	40 000
D-氨基酸氧化酶 [D-amino acid oxidase]	37 000
醇脱氢酶（酵母）[alcohol dehydrogenase (yeast)]	37 000
甘油醛磷酸脱氢酶 [dlyceraldehyde phosphate dehydrogenase]	36 000
原肌球蛋白 [tropomyosin]	36 000
乳酸脱氢酶 [lactate dehydrgenase]	36 000
胃蛋白酶 [pepsin]	35 000
转磷酸核糖基酶 [phosphoribosyl transferase]	35 000
天冬氨酸氨甲酰转移酶，C 链 [aspertate transcarbamylase，C chain]	34 000

续表

蛋白质	相对分子质量
羧肽酶 A ［carboxypeptidase A］	34 000
碳酸酐酶 ［carbonic anhydrase］	29 000
枯草杆菌蛋白酶 ［subtilisin］	27 600
γ-球蛋白，L 链 ［γ-blobulin，L chain］	23 500
糜蛋白酶原（胰凝乳蛋白酶原）［chymotrypsinogen］	25 700
胰蛋白酶 ［trypsin］	23 300
木瓜蛋白酶（羧甲基）［papain (carboxymethyl)］	23 000
β-乳球蛋白 ［β-lactoglobulin］	18 400
烟草花叶病毒外壳蛋白（TWV 外壳蛋白）［TWV coat protein］	17 500
肌红蛋白 ［myoglobin］	17 200
天门冬氨酸氨甲酰转移酶，R 链 ［aspartate transcarbamylase R chain］	17 000
血红蛋白 ［h (a) emoglobin］	15 500
Qβ 外壳蛋白 ［Qβ coat protein］	15 000
溶菌酶 ［lysozyme］	14 300
R17 外壳蛋白 ［R17 coat protein］	13 750
核糖核酸酶 ［ribonuclease 或 RNase］	13 700
细胞色素 C ［cytochrome C］	11 700
糜蛋白酶（胰凝乳蛋白酶）［chymotrypsin］	11 000 或 13 000

参 考 文 献

1. 田亚平. 2006. 生化分离技术. 北京：化学工业出版社

2. 张海德. 2007. 现代食品分离技术. 北京：中国农业大学出版社

3. 王佳兴，苏志国，马光辉. 2008. 生化分离介质的制备与应用. 北京：化学工业出版社

4. 于文国，卞进发. 2010. 生化分离技术（第二版）. 北京：化学工业出版社

5. 刘冬. 2009. 生物分离技术. 北京：高等教育出版社

6. 凌诒萍. 2009. 细胞生物学. 北京：人民卫生出版社

7. 华耀祖. 2008. 超滤技术与应用. 北京：化学工业出版社

8. 郭勇. 2005. 现代生化技术（第二版）. 北京：科学出版社

9. 杨昌鹏，张爱华. 2007. 生物分离技术. 北京：中国农业出版社

10. 刘振民. 2004. 采用微滤膜浓缩乳酸菌发酵液的工艺条件研究. 食品与发酵工业，30（10）：22-26

11. 戴海平，孙方，李泓，等. 2003. 超滤浓缩大豆蛋白工艺中的膜污染清洗方法研究. 天津科技大学学报，（4）：11-18

12. 王尔惠. 1999. 大豆蛋白质生产新技术. 北京：中国轻工业出版社

13. 徐砾. 2003. 真空冷冻干燥技术在生物制药方面的应用. 武汉科技学院学报，（5）：34-39

14. 刘占杰，华泽钊. 2000. 蛋白质药品冷冻干燥过程中变性机理的研究进展. 中国生化药物杂志，21（5）：15-18

15. 袁中一. 1975. 固相酶与亲和层析. 北京：科学出版社

16. 王重庆. 1994. 高级生物化学实验教程. 北京：北京大学出版社

17. 李建武，萧能赓，余瑞元. 1994. 生物化学实验原理和方法. 北京：北京大学出版社

18. 赵永芳. 1994. 生物化学技术原理及其应用. 武汉：武汉大学出版社

19. 袁中一，刘树煌，袁静明. 1975. 固相酶与亲和层析. 北京：科学出版社

20. 王重庆，李云兰. 1994. 高级生物化学实验教程. 北京：北京大学出版社

21. 郭勇. 2004. 酶工程（第二版）. 北京：科学出版社

22. 罗贵民，曹淑桂，冯雁. 2008. 酶工程（第二版）. 北京：化学工业出版社

23. 施巧琴. 2005. 酶工程. 北京：科学出版社

24. Bisswanger H. 2009. 酶学实验手册. 刘晓晴译. 北京：化学工业出版社

25. 刘国诠，耿信笃，苏天升，等. 2003. 生物工程下游技术（第二版）. 北京：化学工业出版社

26. 贾士儒. 2004. 生物工程专业实验. 北京：中国轻工业出版社

27. 段开红. 2008. 生物工程设备. 北京：科学出版社

28. 谭天伟. 2007. 生物分离技术. 北京：化学工业出版社

29. 陆旋，张星海. 2007. 基础化学实验指导. 北京：化学工业出版社

30. 刘叶青. 2007. 生物分离工程实验. 北京：高等教育出版社

31. 万海同，余勤，赵伟春. 2008. 生物制药工程实验. 杭州：浙江大学出版社

32. Robinson N C，Tye R W，Neurath H，et al. 1971. Isolation of trypsin by affinity chromatography. Biochemistry，10：2743-2748

33. Frederig E，Deutsch H F. 1949. Studies on Ovomucoid. J Biol Chem，181：499-512

34. Sandberg L，Porath J. 1974. Preparation of adsorbents for bio-specific affinity chromatography. J Chromatography，90：87-95.

35. Robinson N C，Tye R W，Neurath H，et al. Isolation of trypsin by affinity chromatography. Biochemistry，10：2743-2748

36. Frederig E，Deutsch H F. 1949. Studies on ovomucoid, J Biol Chem，181：499-506

37. KasselI B. Proteinase inhibitors from egg white. Methods in Enzymology，112：890-898

38. Sandberg L，Porath J. 1974. Preparation of adsorbents for bio-specific Affinity Chromatography. J Chromatography，90：87-91

39. Cuatrecasas P. 1970. Protein purification by affinity chromatography，J Biol Chem，245（12）：3059-3062

40. SDS-PAGE 测定蛋白质分子量. http：//wenku. baidu. com/view/94dbc009581b6d97f19ea37. html

41. 血清 γ-球蛋白的分离纯化与鉴定. http：//www. gifl. com. cn/qingyanghuana/79091. html

42. 血清蛋白质醋酸纤维素薄膜电泳. http：//jpkc. hactcm. edu. cn/2009swhx/sy/37. html

43. 溶菌酶的制备及其性质. http：//www1. syphu. edu. cn/shwhx/images/yaoxueshh/19. doc

44. 生物工程下游技术实验室的安全及环保知识. http：//www. hopebiol. com/asphtml/refere3478. htm

45. 常用消毒剂使用方法. http：//tieba. baidu. com/f?kz=1231630

46. 常用 pH 缓冲溶液. http：//202. 118. 73. 170/site/zyxz/％E5％B8％B8％E7％94％A8PH％E7％BC％93％E5％86％B2％E6％BA％B6％E6％B6％B2. doc

47. 常见蛋白质分子量参考表. http：//www. biosou. com/index _ newshow. php?newsid=735

48. 硫酸铵分级盐析分离血清中的主要蛋白质实验. http：//www. chem17. com/Tech _ news/Detail/98276. html

49. 酵母细胞的破碎及破碎率的测定实验. http：//222. 21. 160. 98/userfiles/xqh/％C9％FA％CE％EF％B7％D6％C0％EB％D3％EB％B4％BF％BB％AF％BC％BC％CA％F5％CA％D4％D1％E9％D6％B8％B5％BC. doc

50. 青霉素的萃取与萃取率的计算. http：//jpkc. gxzjy. com：88/swch/mydefault. aspx?cid=175&articleID=736

51. 蛋白质的透析. http：//huas. cn/xb/swx/experience/UploadFiles/20094414454187. ppt

52. 凝胶层析法测定蛋白质分子量. http：//jpkc. fimmu. com/swhx/ReadNews. asp?NewsID=460

53. 亲和层析纯化胰蛋白酶. http：//jwc. nank［J］ai. edu. cn/course/swhx/syjx _ 5. htm

54. 离子交换色谱分离氨基酸. http：//218. 197. 48. 18/yuanxi/jcb/shjpk/syjc/experiment％202. doc

55. SDS-PAGE 测定蛋白质分子量实验. http：//wenku. baidu. com/view/94dbc009581b6d97f19ea37. html

56. 血清脂蛋白琼脂糖凝胶电泳. http：//jpkc. hactcm. edu. cn/2009swhx/sy/45. html